THE TEA 티북 BOOK

THE TEA 티북

BOOK

지은이 린다 게일러드

옮긴이 박인용 | **감수자** 정승호

한국티소믈리에연구원

저자 린다 게일러드(Linda Gaylard)
티소믈리에, 티 스타일리스트
티 관련 도서 저자

옮긴이 박인용

감수자 정승호 박사
사단법인 한국티협회 회장
한국티소믈리에연구원 원장

Original Title: **The Tea Book**
Copyright © Dorling Kindersley Limited, 2015
A Penguin Random House Company
All rights reserved.

Printed in Malaysia

Korean translation copyright © 2020 by KOREA
TEA SOMMELIER INSTITUTE
Korean translation rights arranged with A Dorling
Kindersley Limited

FOR THE CURIOUS
www.dk.com

목차

프롤로그

사람들이 내가 티소믈리에임을 알았을 때 자주 묻는 질문이 두 가지가 있습니다. 첫째는 '티소믈리에가 무엇이냐'와, 두 번째는 '어떻게 티에 관심을 갖게 되었느냐' 하는 것입니다.

두 번째 질문부터 먼저 대답해 봅니다. 잎차가 점차 알려지기 시작하면서부터 천천히, 그리고 꾸준히 티에 관심을 갖게 되었다고 말할 수 있습니다. 또한 연구, 체험, 티의 기원이 되는 곳으로의 여행, 그리고 티 업계 전문가들로부터의 교습 등을 통해 티의 세계에 빠져든 것입니다.

또한 다른 여러 티 문화의 독특한 스타일과 티를 준비하고 내놓는 전통을 알게 됨에 따라 그들의 미묘한 차이도 조금씩 인식하게 되었고, 다도나 티의 전통에 따른 격식은 지금도 지켜지고 있지만, 현대적인 관점에서 티 믹솔로지, 콜드 인퓨전, 라테, 기타 등등의 신선한 체험을 통해서도 더욱더 관심을 갖게 되었습니다.

다음으로 두 번째 질문에 대한 답은 티소믈리에(Tea Sommelier)는 티를 마시는 사람들에게 티에는 머그잔과 티백 이상의 것이 있음을 확신시켜 줄 수 있어야 한다는 것입니다. 티백 너머에는 신비, 역사, 여행, 산업, 문화, 의례 등 탐구해야 할 새로운 세상이 펼쳐지기 때문입니다.

이 책이 여러분에게 이 광대하고 매혹적인 우주로 들어가는 입장권이 되기를 기대하고 티 세계에서 펼쳐지는 모험에 대한 갈증을 스스로 발전시켜 나가기를 바랍니다.

린다 게일러드(Linda Gaylard)
티소믈리에, 티 스타일리스트

국내에서도 그동안 티(Tea) 세계에서 실로 많은 변화들이 있었습니다. 한때 우리 주위에서 티백 녹차가 주를 이뤘던 것이 지난 10년간 젊은 층을 중심으로 소비 트렌드의 변화가 일어나 홍차, 허브티, 블렌딩 티, 배리에이션 티, 밀크티 등의 소비가 이제는 일상적인 일이 되었습니다. 이와 함께 '티소믈리에', '티블렌딩' 전문가라는 직업도 십여 년 전 국내에서 등장해 이제는 새로운 직업군으로 자리를 잡아 감개무량하지 않을 수 없습니다.

현재 젊은 세대들이 건강을 중시하는 세계적인 트렌드는 앞으로 계속 지속될 것으로 보이는 가운데 국내에서도 티에 대한 관심과 소비는 계속될 것으로 생각됩니다. 최근 국내에서도 티 한 잔의 여유와 함께 티가 '슈퍼푸드'로 인식되면서 그 건강 효능에 사람들의 관심이 부쩍 증가해 홍차의 애프터눈 티, 브런치 타임, 밀크티, 콤부차 등 새로운 소비 트렌드들이 생겨나고 있기 때문입니다.

그러한 가운데 한국티소믈리에연구원에서는 티의 초보자라 할 '차린이'도 쉽게 이해할 수 있는 티의 기초 입문서, 『THE TEA BOOK_티북』을 출간합니다. 이 책은 일반인들이 쉽게 혼동하는 '티(Tea)'와 '티잰(Tisane)'의 차이점을 통한 티의 정의부터 소개해 세계 티 산지, 차나무 재배와 품종, 테루아로 인한 독특한 개성의 티, 세계 각국의 티 역사와 문화, 블렌딩 티 등에 관해 풍부한 그림과 함께 설명해 티의 초보자, '차린이'도 쉽게 이해할 수 있도록 했습니다. 아울러 티와 티잰을 배리에이션하는 100여 종의 레시피도 소개해 실생활에서 직접 체험해 볼 수 있도록 돼 있습니다.

이 책이 부디 티의 세계에 입문하는 사람들이나 이미 관심을 가지고 티를 즐기고 있는 사람들에게 방대한 티의 세계를 이해하는 데 도움이 되기를 바라마지 않습니다.

정승호 박사
사단법인 한국티협회 회장
한국티소믈리에연구원 원장

PART 1

티란 무엇인가?

*일러두기 : 중국 티의 이름은 원칙적으로 우리나라 한자어 독음으로 표기하고 영어명을 병기했다.
일본 티의 용어는 외래어 표기법에 따랐다.

오늘날의 티 애호가

어느 때보다 더 많은 고급 잎차(loose leaf tea), 그리고 그것을 우려내기 위한 수많은 도구들이 시중에 나와 있다. 이로부터 티에 대한 지식과 새로운 경험을 갈구하는 추종자들의 문화들이 조성되고 있다.

20세기 초반에는 전 세계에서 소비되는 모든 티가 잎차였다. 생활방식이 변화하고 풍미나 전통보다 편리성이 더 중요시되면서 소비자들은 티백을 사용해 티를 손쉽게 낼 수 있는 방식에 끌렸다. 이제 안목 있는 티 애호가들이 잎차로 돌아오고 있으며, 티를 즐기는 법을 연마하고, 레스토랑이나 카페에서뿐 아니라 집에서도 준비해 마실 수 있는 광범위한 고급 티에 대한 지식을 습득하고 있다. 호기심 많은 소비자들은 옛날의 티 의식 등 전 세계의 티 문화에 대해 더 많은 것을 발견하거나, 차나무 재배자, 티 판매자, 티 전문가, 티 블로거 등과 온라인으로 접속해 티의 세계에 대한 정보를 공유하고 수집하고 싶을지도 모른다.

티가 대세를 이루고 있다

티에 대한 이 같은 열정이 일시적인 유행이 아니라는 징표는 뛰어난 품질의 티가 점점 더 다양해지고 쉽게 구할 수 있게 되었다는 점이다. 어느 슈퍼마켓이라도 들어가면 다양한 종류의 잎차가 진열되어 있을 뿐 아니라 편리한 새로운 티백—가향차인 '재스민 펄(jasmine pearl)(이하 몰리화차, 茉莉花茶)', 중국 녹차류(Chinese green), 백차류인 '실버니들 화이트 팁(Silver Needle white tip)(이하 백호은침, 白毫銀針)'과 같은 고급 잎차를 넣기 위해 교묘하게 디자인된 피라미드형 비단 주머니—을 발견할 수 있다. 대부분의 도시에서는 그리 멀리 가지 않더라도 전 세계의 구석구석으로부터 온 티를 골고루 구비한 티숍을 찾아내기 어렵지 않다. 이전에는 커피나 범상한 홍차밖에 팔지 않던 카페에서도 한쪽 선반을 비워 잎차 전용 공간을 마련하고 최신 설비와 풍부한 지식을 갖춘 직원을 배치하고 있다. 레스토랑의 메뉴에 보강된 티 리스트가 등장하는가 하면, '티 바'에서는 티 칵테일과 티 요리도 제공한다. 독특하고 이국적인 티도 우리의 일상생활에서 접할 수 있다. 이 모든 것은 이런 추세가 티 분야에서 앞으로도 계속 증대하리라는 것을 시사해 준다.

최근에 이르러 이처럼 전문적인 고급 티에 대해 많이 알게 됨으로써 새로운 유형의 티 애호가들이 탄생하고 있다. 바로 티의 원산지까지 직접 찾아가서 티에 대한 풍습을 배우고 재배자들을 만나는가 하면, 희귀한 '푸얼티(Pu'er tea)(이하 보이차, 普洱茶)'나 잘 알려지지 않은 녹차 등을 구입해 돌아와 티를 좋아하는 친지들과 함께 나누어 마시는 애호가들이다.

믹솔로지
티 중에는 단지 기호음료로서가 아니라 칵테일에 다양한 풍미와 미묘한 색채를 더해 주는 것도 있다.

일본의 녹차
이 '센차(Sencha, 煎茶)'와 같은 일본의 녹차는 미묘한 감칠맛과 바다의 풍미로 유명하다.

달콤한 아이스티
북미 대륙에서 약 100년 전부터
널리 마셔 왔던 음료.

티의 새로운 변화?

티는 수백 년 전부터 마시기 시작하였지만,
되살아난 관심으로 인해 티가 새로이 번성하게 되었으며,
전 세계로부터 가장 훌륭한 티, 그리고 그에 관한 전통과
의례가 전해져 오늘날 우리 일상생활의 일부가 되고 있다.

맛차에 대한 야단법석!

'맛차(matcha, 抹茶)'는 건강을 의식하는 티 애호가들 사이에서 인기
가 높다. 이 녹차 가루는 과일을 섞어 먹기 좋게 냉장시켜 두었다가
아침에 카페인이나 영양제 대신 크림을 넣은 라테로 작은 유리잔에
타서 마시거나 쇼트브레드와 마카롱처럼 구운 제과에 넣어 소비된다.

티 믹솔로지

믹솔로지스트들은 티의 풍부하고 신선하며 다양한 향이 그들의 칵
테일 재료로 사용하기에 아주 훌륭하다는 사실을 발견했다. 티를 사
용해 만드는 '티티니(teatini)'라는 마티니가 술집에 등장했는데, 일반
가정에서도 쉽게 만들 수 있다.

디저트 티

믹솔로지스트들이 칵테일로 실험을 하고 있는 동안, 티 블렌딩 전문
가들은 디저트 메뉴에 영감을 얻어 과일, 초콜릿, 향신료를 사용해
티의 향미를 재창조한 '디저트 티'(62~63쪽 참조)를 선보이고 있다.

발효 음료

거품이 나는 발효차로서 강력한 프로바이오틱(probiotic)(생균적)의
특성을 지닌 '콤부차(kombucha)'가 전 세계적으로 여러 가지 향미로
세분되어 병에 넣어 시판되고 있다. 술집에서는 칵테일 재료로도 사
용된다. 병에 든 것을 편리하게 마실 수 있지만, 집에서 만들어 보는
것도 무척이나 재미있다(174쪽 참조).

고급 간식

티는 고급 레스토랑의 테이블을 장식하면서 급속히 인기 있는 식재
료로 부상하고 있다. '마살라 차이 스콘(masala chai scone)', '녹차 샐
러드드레싱', '랍상소총(Lapsang Souchong)(이하 정산소종, 正山小種)
미트 러브(meat rub)' 등과 같은 티 레시피를 시도해 보자.

여러 가지 특별한 티가 슈퍼마켓에서 점점 더 넓은 매대를 차지하고 있다.

티 한 잔으로 건강을!

티는 오랫동안 건강에 좋다는 점 때문에 소비되어 왔다. 그러나 티에 관한 새로운 연구에 의하면, 원래의 티 선구자들이 상상할 수 있었던 것 이상으로 건강에 효능이 많다고 한다. 건강에 좋다는 녹차는 현재 너무 인기가 좋아 전 세계의 수요를 충당하기 위해 과거에는 생산하지도 않았던 인도와 스리랑카 등의 나라들에서도 차나무를 재배해 녹차를 생산하고 있다.

계속되는 인기

병에 넣어 쉽게 마실 수 있는 티는 편리하기 때문에 상점, 카페, 자판기 등에서 구입할 수 있다. 자연 그대로, 또는 과일, 코코넛 젤, 다른 여러 가지 재료를 추가해 병에 넣은 티는 이제 그 어느 때보다 인기가 높다.

버블티

다채롭고 맛이 좋은 버블티(bubble tea)(192쪽)는 1980년대에 타이완에서 처음으로 출현한 뒤 갑자기 전 세계를 석권하고 있다. 이것을 마시는 데 사용되는 큰 빨대에서부터 향미가 많고 쫀득쫀득한 '타피오카 보바(tapioca boba)'(아래쪽에 거품이 있다)에 이르기까지 모든 것이 즐거운 경험이 된다.

차게 내는 것이 최고!

뜨거운 티보다 더 자연스러운 단맛을 내면서도 카페인의 침출은 줄이기 위해 찬물을 사용해 찻잎을 우리는 '콜드 인퓨전(cold infusion)'(58쪽~59쪽 참조)이 차츰 유행하고 있다. 사용하기 쉬운 인퓨저에서부터 정교한 티 용품에 이르기까지 차가운 티를 우려내 즐기는 데 도움이 되는 다양한 도구들이 나와 있다.

세상을 바꾼 차나무

수많은 종류의 티들이 전 세계에서 생산 및 소비되고 있다. 비록 모양도 다르고
맛도 다르더라도 티는 모두 카멜리아 시넨시스종(*Camellia sinensis*)의 차나무라는
상록수의 잎으로 만들어진다.

카멜리아 시넨시스, 차나무

차나무에는 두 종류의 주요 변종(이하 품종)이 있다. 먼저 우리에게 흔히
중국종으로 알려진 시넨시스 품종(*Camellia sinensis* var. *sinensis*)에서는
밝고 신선한 향미에서 풍요로운 맥아향에 이르기까지 다양한 향미의
티가 나온다. 이 차나무는 잎이 작으며, 중국, 타이완, 일본 등 고도가 높
은 산지의 냉랭하고 안개가 자주 끼는 기후에서 잘 자란다. 그냥 내버려
두면 높이 6m까지 자라기도 한다. 두 번째 품종으로 흔히 아삼종으로

알려진 아사미카 품종(*Camellia sinensis* var. *assamica*)은 잎이 비교적 크
고, 인도, 스리랑카, 케냐 등 열대 지방에서 무성하게 잘 자란다. 잎은 길
이가 20cm까지 자라며, 야생에서는 높이 15m까지 자랄 수 있다. 이 차
나무에서 산출되는 티는 그윽한 풀잎 향에서부터 상쾌한 맥아향에 이
르기까지 다양한 향미를 자아낸다.

재배종 : 식물의 특성

차나무는 주위의 상황에 자연스럽게 적응할 수 있는 능력이 있다. 그래
서 차나무는 재배되는 지역에서도 완전히 잘 어울린다. 차나무의 재배
자들은 가끔 그 식물의 주요 특징을 기반으로 새로운 '재배종'을 만들어
내기도 한다. 재배종을 만들 때는 특별한 향미나 가뭄을 이겨 내는 힘이
나 해충에 대한 저항력 등의 특징을 최대한 살린다.

　자연적인 현상과 더불어 인간의 간섭이 이루어진 결과, 차나무에는
이제 500종 이상의 재배종이 있다. 이들 중 몇몇은 백호은침의 생산을
위한 재배종인 '다바이하오(Da Bai Hao)(이하 대백호, 大白毫)'나 일본에서
가장 인기 있는 재배종인 '야부키타(Yabukita, 藪北)'와 같이 특정 종류의
티를 위해 재배종들의 개량이 이루어졌다.

차나무 재배
말레이시아의 카메론 고원(Cameron
Highlands) 산비탈에 만들어진 전형적인
계단식 농장(위쪽). 시넨시스 품종(오른쪽)은
성장 속도가 느리기 때문에 매우 미묘한
향미를 생성시킨다.

차나무의 해부도

한 해에 많으면 5회까지 찻잎을 수확하는 차나무는
매우 다산적인 식물이다. 봄에 돋아나는 부드러운 새
싹에서부터 성숙한 찻잎, 그리고 작은 가지에 이르기
까지 나무의 거의 모든 부분이 사용된다.

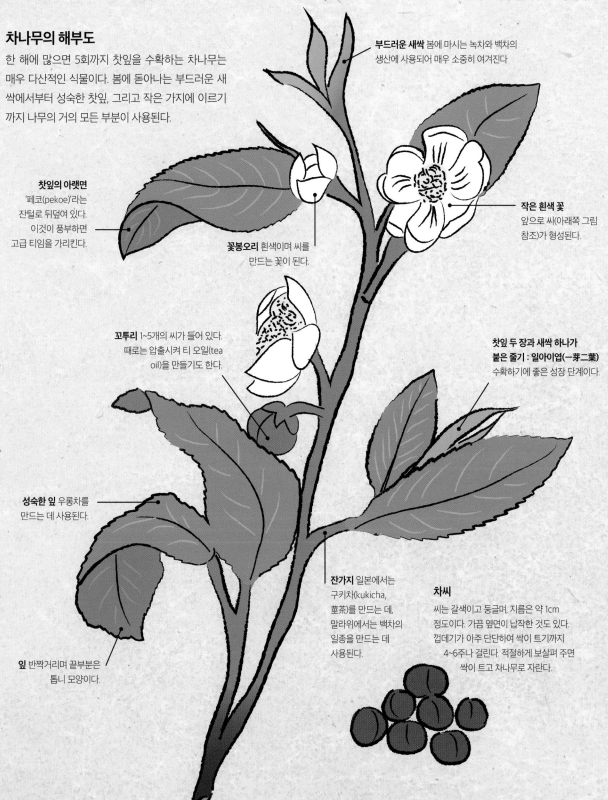

부드러운 새싹 봄에 마시는 녹차와 백차의
생산에 사용되어 매우 소중히 여겨진다

찻잎의 아랫면
'페코(pekoe)'라는
잔털로 뒤덮여 있다.
이것이 풍부하면
고급 티임을 가리킨다.

꽃봉오리 흰색이며 씨를
만드는 꽃이 된다.

작은 흰색 꽃
앞으로 씨(아래쪽 그림
참조)가 형성된다.

꼬투리 1~5개의 씨가 들어 있다.
때로는 압출시켜 티 오일(tea
oil)을 만들기도 한다.

**찻잎 두 장과 새싹 하나가
붙은 줄기 : 일아이엽(一芽二葉)**
수확하기에 좋은 성장 단계이다.

성숙한 잎 우롱차를
만드는 데 사용된다.

잔가지 일본에서는
구키차(kukicha,
莖茶)를 만드는 데,
말라위에서는 백차의
일종을 만드는 데
사용된다.

차씨

씨는 갈색이고 둥글며, 지름은 약 1cm
정도이다. 가끔 옆면이 납작한 것도 있다.
껍데기가 아주 단단하여 싹이 트기까지
4~6주나 걸린다. 적절하게 보살펴 주면
싹이 트고 차나무로 자란다.

잎 반짝거리며 끝부분은
톱니 모양이다.

차나무의 성장과 수확

씨에서 제대로 자란 차나무는 강인해 광범위한 기후 상태를 이겨 내지만, 씨에서 나무로 자라기까지는
매우 오래 걸린다. 그래서 차나무를 재배하는 사람은 그렇게 자라는 동안 어린나무들을 각별하게 보살핀다.

씨를 심거나 꺾꽂이로부터

차나무는 꽃이나 열매(씨)보다 찻잎 때문에 재배된다. 궁극적인 목적은
한 해에 가능하면 여러 회 성장시켜 질 좋은 찻잎을 수확하는 것이다.
새로운 차나무를 성공적으로 기르는 방법에 대해서는 다양한 견해가
있다. 능숙한 재배자들은 씨를 뿌려 재배를 시작한다. 그렇게 하면 씨
껍데기를 힘들게 깨고 토양 속에 굳건하게 뿌리를 내리는 과정을 통해
더욱 튼튼한 차나무로 자라기 때문이다. 그러나 차나무는 그보다 꺾꽂
이를 통해 번식시키는 경우가 더 많다. 꺾꽂이를 하여 차나무로 재배한
것은 복제 식물이라 할 수 있다. 이들은 씨로부터 자란 나무들보다 조금
더 빨리 수확을 할 수 있으며, 그들의 형질이 모체인 차나무와 거의 같
기 때문에 수많은 재배자들은 보다 더 안전하다고 여긴다.

씨로부터 재배

꽃에서 씨가 맺는 데는 1년 이상 걸린다. 차나무의 꽃은 여름에 봉오리
를 맺기 시작해 초가을에 개화한다. 씨는 날이 더 추워질 때(10월에서 다
음 해 1월) 땅에 떨어지며, 그 뒤 곧 수거된다. 중국에서는 늦가을부터
초겨울 사이에 수집된다.

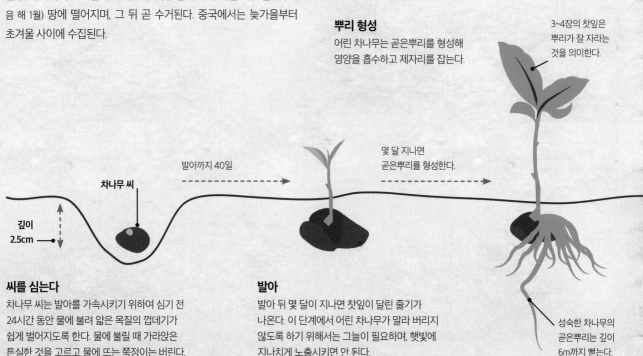

뿌리 형성
어린 차나무는 곧은뿌리를 형성해
영양을 흡수하고 제자리를 잡는다.

3~4장의 찻잎은
뿌리가 잘 자라는
것을 의미한다.

발아까지 40일

차나무 씨

몇 달 지나면
곧은뿌리를 형성한다.

깊이
2.5cm

씨를 심는다
차나무 씨는 발아를 가속시키기 위하여 심기 전
24시간 동안 물에 불려 얇은 목질의 껍데기가
쉽게 벌어지도록 한다. 물에 불릴 때 가라앉은
튼실한 것을 고르고 물에 뜨는 쭉정이는 버린다.

발아
발아 뒤 몇 달이 지나면 찻잎이 달린 줄기가
나온다. 이 단계에서 어린 차나무가 말라 버리지
않도록 하기 위해서는 그늘이 필요하며, 햇빛에
지나치게 노출시키면 안 된다.

성숙한 차나무의
곧은뿌리는 깊이
6m까지 뻗는다.

홑잎

줄기 2~5cm
아래에 절단.

꺾꽂이를 통해 번식

휴면기 또는 건조기 동안 차나무에서 처음 뻗어난 가지의
중간 부분에서 건강한 잎의 줄기 약 2.5~5cm 아래에서
자른다. 이것은 차나무의 한가운데 줄기에서 처음 뻗은
가지를 말한다. 줄기는 날카로운 칼을 사용해 잎 위쪽으로
5mm, 잎 아래쪽으로 2.5cm 각각 간격을 두고 대각선
방향으로 절단한 뒤 화분에 심는다. 꺾꽂이한 것은
직사광선을 피해야 하며, 날마다 물을 뿌려 준다.
12~13개월이 지나면 꺾꽂이 묘목에서 뿌리가 내리는데, 밭으로
옮겨 심을 준비가 된 것이다. 그리고 첫 수확을 할 수 있을 때까지는
다시 12~15개월을 기다려야 한다. 대략 꺾꽂이로부터 수확까지는
2~3년이 걸린다. 꺾꽂이에 의해 자란 차나무는 수명이
30~40년인데 반해 씨를 뿌려 재배한 차나무는 수백 년에 걸쳐
찻잎을 수확할 수 있다. 중국 윈난성(雲南省)의 야생 차나무는 수령이
약 2000년 정도로 추산된다.

2~3년 지나
성숙해진다.

5~7년이 지나면
찻잎을 딸 수 있다.

가지치기

성숙한 차나무는 키가 1~1.2m 정도이다. 가지치기의 목적은 대략
30개의 가지를 뻗게 해 좋은 형태를 유지하고 찻잎을 따기에 알맞은
키로 자라게 하기 위한 것이다. 차나무는 2년이 지나 처음 가지치기를
한다. 이것은 휴면기에 이루어진다. 그 뒤 1년에 한 번씩 가볍게
가지치기를 하고, 젊게 만들기 위해 찻잎과 두 번째로 난 가지를 모조리
잘라 내는 대대적인 가지치기는 3~4년에 한 번씩 한다.

수확한 새싹과 찻잎

손으로 딴 찻잎은 가공 과정의 표준에
적합해야 한다. 2~3장의 찻잎이 달린 줄기와
부드러운 새싹, 즉 '일아이엽(一芽二葉)' 또는
'일아삼엽(一芽三葉)'이 가공 과정에서
선호도가 가장 높다.

테루아적 환경

와인의 경우와 마찬가지로 각각의 티는 그 자체의 특징을 지니고 있으며, 같은 종류의 티라도 산지에 따라
향미가 달라진다. 이것은 차나무가 자라는 제반 자연 환경적 조건인 '테루아(terroir)'나 '에코시스템'이라
알려진, 상호 의존적인 여러 가지의 조건들이 매우 다양하기 때문이다.

차나무가 자라는 특수한 조건은 차나무의 성장과 티의 품질에 크게 영향을 준다. 해발고도, 토질, 기후 조건 등과 같은 자연적인 요인은 티의 향미와 찻잎의 특징뿐 아니라 거기에 함유되는 비타민, 미네랄, 기타 화합물의 양에도 큰 영향을 준다. 차나무의 재배자들은 매년의 작황을 지배하고 영향을 주는 해당 지역의 테루아적 환경이 일정하기를 바랄지도 모르지만, 대자연에서는 미리 정해진 것이라곤 없다. 극한적인 날씨, 적은 강우량, 나쁜 토질 등은 차나무의 성장이나 궁극적으로 가공할 찻잎의 품질에 큰 영향을 준다.

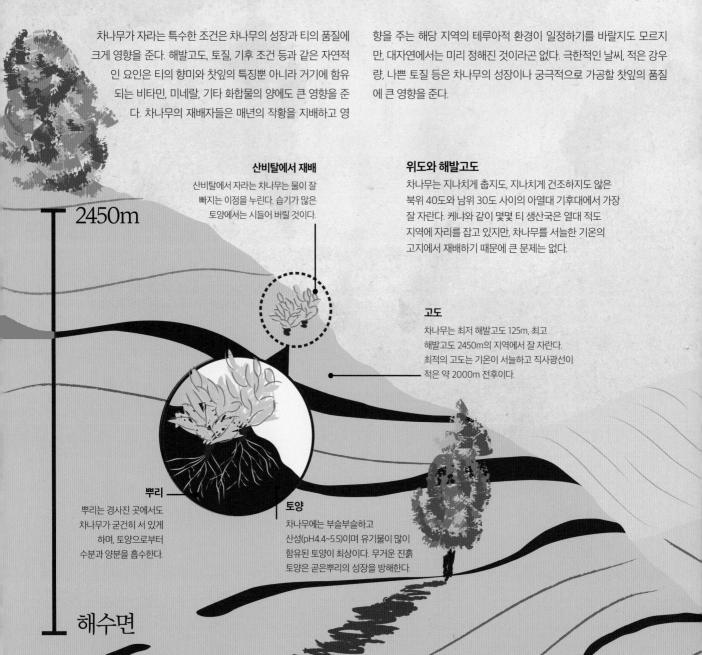

산비탈에서 재배
산비탈에서 자라는 차나무는 물이 잘
빠지는 이점을 누린다. 습기가 많은
토양에서는 시들어 버릴 것이다.

위도와 해발고도
차나무는 지나치게 춥지도, 지나치게 건조하지도 않은
북위 40도와 남위 30도 사이의 아열대 기후대에서 가장
잘 자란다. 케냐와 같이 몇몇 티 생산국은 열대 적도
지역에 자리를 잡고 있지만, 차나무를 서늘한 기온의
고지에서 재배하기 때문에 큰 문제는 없다.

고도
차나무는 최저 해발고도 125m, 최고
해발고도 2450m의 지역에서 잘 자란다.
최적의 고도는 기온이 서늘하고 직사광선이
적은 약 2000m 전후이다.

2450m

뿌리
뿌리는 경사진 곳에서도
차나무가 굳건히 서 있게
하며, 토양으로부터
수분과 양분을 흡수한다.

토양
차나무에는 부슬부슬하고
산성(pH4.4~5.5)이며 유기물이 많이
함유된 토양이 최상이다. 무거운 진흙
토양은 곧은뿌리의 성장을 방해한다.

해수면

기후

강우량, 풍속과 풍향, 기온 변동 등은 작황의 성공에 결정적인 요인이 될 수 있는 중요한 요소이다.

햇빛

차나무는 하루에 5시간 이상의 햇빛을 받으면 잘 자란다.

비

차나무에는 해마다 적어도 강수량이 1500mm 정도 필요하다. 그러나 강우량이 너무 많으면 해롭다. 해마다 성장 사이클이 다시 시작하기 전에 내부 시스템의 활기를 되찾으려면 최소 3~4개월의 건기가 필요하기 때문이다.

구름

구름은 햇빛에 노출되는 정도를 조절해 준다.

경사의 방향

차나무가 산비탈에 자랄 경우에 경사의 방향에 따라 일조 시간이 달라진다.

안개

차나무는 안개에 뒤덮여 있는 것이 좋다. 안개는 햇빛을 가릴 뿐만 아니라 습기도 제공해 준다.

차광수(遮光樹)

다원에는 차나무에 그늘을 만들어 주기 위해 전략적으로 낙엽목을 심는 경우가 많다. 이를 '차광수(遮光樹)'라고 한다.

다원

인도 다르질링 지역의 쿠르세옹(Kurseong)에 있는 다원. 키가 큰 낙엽목이 세심하게 심어져 차나무에 그늘을 만들어 준다.

그늘

차광수의 그늘은 차나무의 온도를 조절하는 데 큰 도움이 된다.

티의 가공 과정

찻잎에서 한 잔의 티가 되기까지의 여정은 재배자들이 조심스럽게
차나무에 양분을 주어 판매를 준비하는 차밭에서 시작된다.

다양한 규모의 재배지

차나무의 재배지는 면적 10ha 이하인 소규모 '다원(tea garden)'에서부
터 수많은 일꾼들을 채용하는 면적 수백 ha의 광활한 '티 플랜테이션
(tea plantation)'에 이르기까지 규모가 매우 다양하다. 목적은 재배의 규
모와 관계없이 똑같지만, 찻잎의 수확성이나 수확 범위에 차이가 있다.
모든 재배지가 시장의 구미에 맞춰 차나무를 재배하며, 이것이 차나무
의 재배와 찻잎의 수확 방식에 큰 영향을 준다. 대규모의 티 플랜테이션
에서는 경매에서 중개인을 통해 톤 단위로 판매하고 컨테이너 선박을
통해 목적지까지 운송한다. 한편 소규모의 다원에서는 수출입 업자, 도
소매 업자에게 직접 판매하는 경우가 많다.

다원의 풍경

일부 다원은 차나무들이
놀라운 물결 모양의
풍경을 이루는가 하면,
직선 모양으로 배열된
다원도 있다.

기업적인 재배 단지

이들 재배 단지에서는 주로 상업적인 목표로 차나무를 재배하지만, 초
점은 품종 개량을 시도하는 일이 거의 없이 재빨리 값싸게 생산하는
데 있다. 따라서 대규모 산업적인 재배 단지에서는 화학 비료와 살충제
를 사용해 수확성을 높이려고 하고, 기계를 사용해 티의 가공 속도도
높인다.

하나뿐인 독창적인 재배지

일부 큰 다원에서는 그들의 유산에 큰 긍지를 느낀다. 그들은 다른 다원
에서 산출되는 찻잎과는 블렌딩하지 않는 고품질의 잎차를 생산하는
것으로 알려져 있다. '싱글 이스테이트 티(single estate tea)' 또는 '싱글
오리진 티(single origin tea)'로 알려진 이들 티는 차나무가 재배되는 다원
의 자연환경 특유의 향미로 높이 평가된다. 따라서 기업적인 재배단지와
같은 식으로 해마다 향미에 일관성을 유지하려고 노력하지 않는다.

원예적 다원

차나무의 재배지 범주 가운데에는 '원예적 다원'이라는 것도 있다. 이것
은 유일하고도 독창적인 다원보다 규모가 작아 보통 10ha 이하이다. 원
예적 다원의 성공은 재배자가 거주 환경에 대한 차나무의 자연적 반응
을 이해하고 갓 딴 찻잎을 익숙하게 다루는 실력에 달려 있다. 원예적
다원의 재배자는 차나무를 보살피는 것에서부터 구매자와 접촉하고 티
를 마시는 것에 이르기까지 모든 과정에 직접 관여한다.

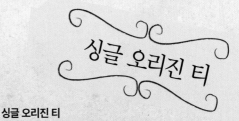

싱글 오리진 티

싱글 오리진 티
하나뿐인 독창적인 다원에서 생산된 티는
그들의 독특한 스타일 때문에 찾게 된다.

티 가공 방식

여러분은 한 잔의 티를 우릴 때 어떤 찻잎은 알갱이와 비슷하고, 또 어떤 찻잎은 방금 차나무에서 딴 것처럼 온전하게 보이기도 한다는 것을 눈으로 볼 수 있다. 이 차이는 대체로 그 찻잎에 사용된 가공 방식에 의해 정해진다. 공장에서 티 상품을 가공하는 데는 두 가지의 방식이 있다. 찻잎을 파쇄하여(crush), 찢고(tear), 휘마는(curl) 'CTC' 방식과 정통적인 '오서독스(Orthodox)' 방식이다.

찻잎을 통째로 호퍼 (hopper) 속에 넣는다.

찻잎은 기계 안에서 큰 칼날에 의해 파쇄되고 찢어지고 휘말린다.

가공된 찻잎은 산화시킬 준비가 된 채 반대쪽 끝에서 나온다.

CTC 방식

1930년대에 발명된 이 방식에서는 찻잎을 가공하는 데 기계를 사용한다. 등급이 낮은 크고 두꺼운 찻잎은 칼날로 절단하고 찢은 뒤 산화를 촉진하기 위해 상처를 낸다. 그리고 산화 과정에 들어가기 전 기계에 넣어 균일한 크기의 작은 알갱이로 만든다. 이 방식은 예외 없이 홍차를 생산하는 데만 사용되며, 대체로 상업용으로 기업형 재배 단지에서 가공되는 티 상품에 적용된다. CTC 방식은 특히 스리랑카, 케냐, 인도 일부 지역에서 널리 사용되며, 중국에서는 거의 사용되지 않는다.

로터베인(rotorvane)
CTC 방식을 도입한 공장에서는 찻잎을 가공하는 데 로터베인 등과 같은 특수한 기계를 사용한다.

오서독스 방식

정통적인 오서독스(Orthodox) 방식의 티는 완전히, 또는 부분적으로 수작업으로 가공되며, 찻잎을 가능한 대로 온전한 형태로 유지하려고 한다. 이것은 보통 CTC 방식으로 가공하는 홍차 제품을 제외한 거의 모든 티의 표준적인 가공 방식이다. 온전한 형태의 찻잎이 최상품으로 간주되며, 파쇄된 찻잎은 인도, 스리랑카, 케냐 등지에서 영국식 등급 제도(90쪽 참조)에 따라 분류된 뒤 그에 따라 가격도 정해진다. 이런 종류의 티에 대한 수요가 증대되면서 점점 더 많은 티 생산자들이 이 방식을 채용하고 있다.

품질과 수량, 그리고 가격 사이에는 상반되는 관계가 있다. 비록 생산되는 수량이 적더라도 단위무게당 가격이 올라가면 별반 차이가 없게 된다.

홀 리프(whole leaf) 등급의 잎차
찻잎을 손상시키지 않는 것이 오서독스 방식의 특징이다. 건조 찻잎은 약하기 때문에 마지막 단계에서 손상될지도 모른다.

브로큰(broken) 등급의 티
CTC 방식으로 가공한 티는 거의 언제나 티백이 될 운명이다. 그 티는 먼지와도 같이 아주 작은 조각의 패닝(fannig) 등급으로까지 파쇄되기 때문이다. 이렇게 만들면 티를 우릴 때 향미가 빨리 침출된다.

다원에서 찻잔까지

티의 생산은 단순히 찻잎을 따서 건조시키는 이상의 일이다. 그 과정에는 일련의 단계가 있으며,
찻잎을 따는 것에서부터 완제품의 탄생에 이르기까지 각각의 단계는 모두 똑같이 중요하다.

모든 나라와 지역에는 각기 티를 생산하는 독특한 방식이 있다. 수제 티는 마을과 마을, 생산자와 생산자 사이마다 방식이 크게 다르다. 그러나 그 가공 과정에는 수 세기 동안 사용해 온 보편적인 방식이 있다. 중국, 인도, 일본, 한국 등에서 티 생산이 한창일 때 생산자들은 밤낮으로 일한다. 찻잎을 따는 기간은 아주 짧으며, 일단 차나무에서 분리된 찻잎은 등급이 점점 낮아지기 시작한다.

티의 가공 과정

모든 종류의 티가 똑같은 가공 과정을 거치는 것은 아니다. 홍차와 우롱차와 같이 가공 과정이 여러 단계인 티도 있고, 백차와 같이 가공 과정이 최소한에 그치는 것도 있다. 오른쪽 페이지의 색에 따른 티의 분류에 맞게 왼쪽에서 오른쪽으로 찻잎의 수확에서부터 완성에 이르기까지 여러 단계를 따라가 보자.

채엽(採葉, plucking)
차나무로부터는 몇몇 성장기 동안에 걸쳐—새순이 돋아나는 이른 봄(특히 다르질링), 초여름, 그리고 몇몇 지역에는 가을에—찻잎을 딴다. 케냐와 같은 적도 지방에서는 1년 내내 찻잎을 딴다. 산비탈에서는 여전히 손으로 찻잎을 따는데, 대부분 여성들이 진행하는 힘든 일이다.

위조(萎凋, withering)
갓 딴 신선한 찻잎은 수분 함유량이 약 75%에 이른다. 다음 가공 단계로 넘어가기 위해서 수분 함유량을 줄여 찻잎을 시들게 하는 위조 과정을 통해 유연한 상태로 만들어야 한다. 이를 위해 찻잎을 햇볕에 쬐거나(백차, 보이차), 기온이 섭씨 20~24도로 일정하게 유지되고 통풍이 잘되는 실내의 선반에 펼쳐 놓는다. 위조 과정에 걸리는 시간은 평균 20시간 정도이지만, 가공하는 티의 종류에 따라서도 달라진다.

유념(揉捻, rolling)
수분이 상당히 제거되면 티 성분들이 더욱 농축된 찻잎을 굴리고 비틀고 휘마는 과정을 진행한다. 이 과정에서는 찻잎 속의 세포벽이 파괴되어 산화효소가 배어 나온다. 이를 통해 홍차와 우롱차를 가공하는 경우에는 최적의 산화가 이루어지며, 녹차와 황차를 가공하는 경우에는 향기가 표면으로 물씬 밀려 나온다.

픽싱(fixing)/살청(殺靑, kill green)
이 단계는 녹차, 황차, 우롱차에 적용된다. 공장에서 찻잎의 숨을 죽이는 위조 과정을 거치지 않은 채 수분을 제거하기 위하여 단시간에 뜨거운 공기로 건조시키는 것이다. 산화를 방지하기 위하여 고열로 재빨리 산화효소를 파괴한다. 픽싱은 녹색을 죽인다고 하여 '살청(殺靑)'이라고도 하는데, 살청에는 솥에서 덖는 '초청(炒靑)'과 증기로 찌는 '증청(蒸靑)'이 있다. 이렇게 하면 찻잎 속의 향미와 휘발성 오일이 보존된다.

티의 분류

- 백차(白茶, white tea)
- 홍차(紅茶, black tea)와 우롱차(烏龍茶, Oolong tea)
- 보이차(普洱茶, Pu'er tea)
- 녹차(綠茶, green tea)
- 황차(黃茶, yellow tea)

퍼스트 플러시(first flush)
겨울의 휴면기를 지난 차나무의 가지 끝부분에
양분이 몰리는 이른 봄에 부드러운 새싹을 딴 모습.

발효(醱酵, fermentation)

보이차의 경우 찻잎을 굴린 뒤 증기에 쪄서 떡 모양으로 만들어
발효 과정에 들어간다. 보이차에는 생차(生茶)와 숙차(熟茶)의
두 종류가 있다. 보이생차는 수십 년 동안 자연적으로 산화하거나
미생물이 증식하면서 자연적으로 발효하도록 내버려 두는 것이다.
반면에 보이숙차는 습도가 높게 조절되는 저장 시설에서
몇 개월의 단기간에 걸쳐 인위적으로 발효시키는 것이다.

산화(酸化, oxidation)

산화 과정에서 찻잎 속의 산화효소가
'테아플라빈(theaflavin)'(유익한 맛)과
'테아루비긴(thearubigin)'(유익한 색)으로
변형된다. 이것은 습도가 높은 환경에서
탁자 선반 위에 찻잎을 늘어놓음으로써
이루어진다. 이 과정은 티 마스터가 산화가
끝났다고 단정하거나(홍차), 원하는 수준에
이르렀다고 단정하기까지(우롱차)
몇 시간 정도 걸린다.

건조(firing/drying)

원래 바구니나 큰 냄비에 담아 숯불 위에서
건조했지만 지금은 대부분 찻잎을 회전식
원통형의 건조기에 넣어 말린다.
정산소종과 같은 홍차나 용정(龍井, Long
jing, Dragon Well)과 같은 녹차 등 몇몇
티의 찻잎은 그들의 독특한 스타일과
취향을 살리기 위해 여전히 전통적인
방식을 사용한다. 이 과정을 거친 찻잎의
수분 함유량은 3%에 지나지 않는다.

분류(分類, sorting)

가공된 찻잎은 손이나 기계를 사용해
분류된다. 찻잎의 크기를 감지해 등급을
매기고 줄기나 이물질 같은 원하지 않는
요소를 가려낼 수 있는 적외선 카메라를
장착한 기계도 있다. 오서독스 방식으로
제대로 생산된 티에는 찻잎의 작은
파편들이 적고 온전한 형태로 된 것이
많으며 더 고급으로 평가된다.

민황(悶黃, heaping)

황차는 살청 과정을 거친 뒤 한곳에 쌓아 두는 과정을 거친다. 이때 찻잎을
축축한 천으로 덮고 상당한 시간 동안 방치해 둔다. 그러면 습기와 열기의
작용으로 찻잎이 노랗게 바뀐다.

하나의 차나무, 수많은 티

전 세계에 수많은 종류의 티들이 생산되지만, 그들은 하나같이 모두 같은 식물 종인 차나무에서 나온다. 각각의 티는
서로 다르게 생산되며, 향미와 강도에 영향을 미치는 독특한 성질들도 저마다 달리 가지고 있다. 여기서는 티가 여섯 가지의
주요 종류로 분류되어 있다. 달고 향이 많은 것에서부터 초콜릿이나 견과류의 맛이 나는 것에 이르기까지
그 향미의 스펙트럼이 매우 폭넓다.

녹차(綠茶, green tea)

녹차는 비산화차로서 찻잎을 수확할 당시의 원래 모습을
가장 잘 간직하고 있다. 겨울의 휴면기에서 깨어나
뿌리에서 올라온 양분과 오일을 함유한 봄철의 작은
새싹과 그 모습이 매우 비슷하다. 녹차는 싱싱하고
제철에 한 번 신차의 성질 때문에 사람들로부터 높이
평가를 받는다(신차인 녹차는 매대에서 6~8개월밖에
진열되지 못한다). 중국에서 가장 고귀하게 평가되는
녹차는 4월 초의 절기인 청명(淸明) 이전에 나는
'명전(明前)'이다. 녹차에는 찻잎이 납작한 것, 바늘같이
가늘고 기다란 것, 달팽이처럼 휘말린 것, 둥근 구형의 것,
가늘게 휘말린 것 등 여러 형태의 것들이 있다.

교쿠로
(玉露, Gyokuro)
일본

안길백차
(安吉白茶, Anji Bai Cha)
중국 저장성(浙江省)

용정(龍井, Long Jing)
중국 저장성

죽엽청(竹葉青, Zhu Ye Qing)
중국 쓰촨성(四川省)

맛차(抹茶, Matcha)
일본

센차(煎茶, Sencha)
일본

🍃 백차(白茶, white tea)

중국 푸젠성(福建省)에서 주로 생산되는 백차는 모든 종류의 티 중에서
도 가장 최소한으로 가공된다. 그러나 최종적으로 생산하는 데는 며칠
이 소요된다(2~3일). 찻잎을 시들게 하는 위조 과정(약 2일) 가운데 약간
자연적인 산화가 이루어진다. 그 과정 뒤 낮은 온도에서 살짝 건조되어
분류를 거쳐 다시 건조된다. 백차에는 몇 가지의 종류가 있다. '페코(pe-
koe)'라는 섬세하고도 하얀 잔털이 여전히 붙어 있는 아주 부드러운 새
싹과 찻잎으로 만들어지는 것도 있고, 더 큰 찻잎을 사용하는 것, 좀 더
산화된 것도 있다. 백차에는 면역계를 강화하는 데 도움이 되는 카테킨
(catechin)과 폴리페놀(polyphenol)과 같은 항산화제가 새싹에 응축되어
있어 건강에 아주 좋은 티 중 하나로
평가된다.

백호은침
(白毫銀針, Bai Hao Yin Zhen)
중국 푸젠성

백모단(白牡丹, Bai Mu Dan)
중국 푸젠성

수미(壽眉, Shou Mei)
중국 푸젠성

대홍포
(大紅袍, Da Hong Pao)
중국 푸젠성

철관음
(鐵觀音, Tie Guan Yin)
중국 푸젠성

🍃 우롱차(烏龍茶, oolong tea)

우롱차도 주로 중국의 푸젠성, 특히 우이산(武夷山)과 타이완의
고산 지대에서 생산된다. 부분적으로 산화된 이 우롱차는 성숙
한 찻잎을 사용해 엄격한 가공 과정을 거쳐 생산된다. 찻잎은 몇
시간 동안 위조 과정을 거쳐 시들게 한 뒤 대나무 체에 놓고 흔
들어서 찻잎에 상처를 입히는 '요청(搖靑)' 과정을 거쳐 세포벽을
파괴시키고 차후 산화하는 동안 향미가 생성되도록 돕는다.
산화 과정은 티 전문가가 올바른 수준으로 산화되었다고 판정
할 때까지 몇 시간 동안 계속된다. 그런 다음 찻잎이 더 산화되
는 것을 막기 위해 살청 과정에 이어 유념 과정을 거친 뒤 다시
건조된다. 약하게 산화된 '그린우롱차(green oolong tea)'
는 작고 반짝거리는 짙은 녹색의 구형인 반면, 더
강하게 산화된 '블랙우롱차(black oolong
tea)'는 길고 검은색이며 비틀어진
잎차가 된다.

홍차(紅茶, black tea)

홍차는 완전히 산화된 티로서 케냐와 스리랑카, 중국, 인도 등
여러 대륙에서 생산된다. 전 세계의 홍차 중 다수는 티백 산업을
위해 생산되며, 일부는 여러 종류의 티와 블렌딩(blending)
을 하여 아침과 점심 등에 마시는 '블렌디드 티(blended tea)'
로 생산된다. 이들 홍차는 우유와 설탕을 추가해 '밀크 티(milk
tea)'로 만들어 먹기도 한다. 홍차를 영어로는 '블랙티(black tea)'
라고 한다. 홍차는 산화 과정 동안 발달하는 풍부한 향미 때문에
상쾌하고 맥아향이 나는 특징이 있다.

실론 홍차
스리랑카

아삼 홍차
인도 아삼 지방

**다르질링
퍼스트 플러시**
인도 서벵골주

**다르질링
세컨드 플러시**
인도 서벵골주

🍃 보이차(普洱茶, pu'er tea)

'후발효차(後醱酵茶)'라고도 하는 보이차의 이름은 이것이 생산되는 중국 윈난성의 '푸얼시(普洱市) (보이시)'의 지명에서 유래하였다. 이 티에는 소화를 돕고 면역계를 촉진하는 활생균적 특성을 가진 미생물들이 풍부히 들어 있기 때문에 체중 감량을 돕는 다이어트 용도로 널리 마신다. 찻잎은 가공한 뒤 증기에 쪄서 압축하는 긴압(緊壓) 과정으로 떡 모양으로 '병차(餠茶)'를 만들고 여러 해 동안 진열하여 숙성시키는 '진화(陳化)' 과정을 거쳐 판매된다. 잎차 형태인 '산차(散茶)'도 있다.

보이차에는 자연적인 '진화(陳化)' 과정으로 묵히는 보이생차와 인위적으로 발효를 가속하는 '악퇴(渥堆)' 과정을 거치는 보이숙차의 두 종류가 있다. 중국의 다른 지방에서도 비슷한 티가 생산되는데, 이들을 '흑차(黑茶, dark tea)'라고 한다. 후발효를 거쳐 묵히는 티, 특히 보이차는 전문가들에게 인기가 높다. 이 티들은 수십 년 동안 저장고에 보관해 둔다. 그렇게 함으로써 시간이 지남에 따라 퀴퀴한 흙이나 가죽 냄새 같은 것에서부터 초콜릿과 같은 맛에 이르기까지 매우 미묘하면서 복합적이고도 풍부한 향미가 생성되는 것이다.

육안흑차(六安黑茶,
Liu An Dark Tea)
중국 안후이성(安徽省)

보이생타차(普洱生沱茶,
Sheng Pu'er Tuo Cha cake)
중국 윈난성

🍃 황차(黃茶, yellow tea)

황차는 후난성(湖南省)과 쓰촨성(四川省) 등 중국의 일부 지역에서만 생산된다. 그 결과 아주 소량만 생산 및 수출되기 때문에 상당히 희귀하다. 녹차의 경우와 마찬가지로 최상급 황차는 이른 봄에 수확하는 찻잎에서 생산된다. 황차는 신선하고 미묘한 향미가 특징이며, 찻잎을 노랗게 만드는 민황(悶黃) 과정에서 생기는 약간 누런빛 때문에 그런 이름이 붙었다(23쪽 참조).

군산은침(君山銀針,
Jun Shan Yin Zhen)
중국 후난성의
둥팅호(洞庭湖)

모간황아(莫干黃芽,
Mo Gan Huang Ya)
중국 저장성

몽정황아(蒙頂黃芽,
Meng Ding Huang Ya)
중국 쓰촨성

맛차(抹茶, matcha)

색상이 화려하고 항산화 성분이 풍부하게 함유된 맛차는 전 세계적으로 슈퍼푸드로서
큰 인기를 끌고 있다. 1000년 이상의 역사를 간직한 이 녹차는 강한 향미와 활기를
불어넣어 주는 효능 때문에 '티 세계의 에스프레소'라는 찬사를 받고 있다.

경이적인 음료

맛차의 역사는 가루차가 대세였던 중국 송나라 시대로 거슬
러 올라간다. 그 가루차는 중국에서 유학하다가 귀국길에 오
른 불교 승려들에 의해 일본에 전해졌다. 그 뒤 다도(茶道)에
사용되면서부터 일본의 티 문화에서는 결코 빼놓을 수 없는
요소가 되었다. 맛차를 오로지 생산하는 최상품 차나무는 일
본의 우지(宇治) 지방에서 재배되고 있다.

맛차 특유의 밝고 매혹적인 초록색은 찻잎을 수확하기
몇 주 전에 차나무에 차광막을 설치하여 햇빛을 가려 엽록소
의 생성을 촉진시킨 결과이다. 그 뒤 찻잎을 따서 증기로 찌
고 건조시킨 뒤에 줄기와 잎맥은 제거한다. '덴차(碾茶, 연차)'
라고도 하는 이 상태의 찻잎은 이제 맷돌의 두 화강암 석판
사이를 지나면서 부드러운 가루가 된다. 맛차 30g을 만드는
데 보통 1시간 정도 걸린다.

맛차는 카페인의 함유량이 높으며, 찻잎이 모두 섭취되기
때문에 일반적인 녹차보다 건강에 훨씬 더 좋다. 항암 특성으
로 유명한 에피갈로카테킨 갈레이트(Epigallocatechin gallate,
EGCG)나, 마음을 진정시키고 기억력과 집중력을 높여 주는
'L테아닌(theanine)' 등 다수의 항산화 성분도 함유하고 있다.

맛차에는 우스차(薄茶, 박차)나 고이차(濃い茶, 농차)와 같은
등급, 그리고 제과점 등급이라 알려진 그보다 낮은 등급의 두
가지 등급이 있다. 우스차는 가장 널리 구할 수 있는 등급이
며, 일상적으로 소비하기에 가장 좋다. 고이차는 대체로 차노
유와 같은 의례적인 다도에서 사용된다. 제과점 등급의 맛차
는 가장 낮은 등급으로 값이 훨씬 싸기 때문에 마카롱, 케이
크, 아이스크림 등을 만드는 데 많이 사용된다.

차샤쿠(茶杓, 차작)

차완(茶碗)

맛차의 녹색 효능
맛차의 영양상 이점은 찻잎이 통째로 섭취되기
때문에 다른 티보다 매우 높다. 맛차는 몸에서
독성을 없애는 데 큰 도움이 된다. 그리고 면역계를
개선시키고 에너지 소비와 물질대사를 진작시킨다.

맛차 라테(matcha Latte)
크림 같고 거품이 뜨는 라테는 맛차를 소비하는 인기 있는 방법이다. 차나무의 수액이나 우유는 향미를 부드럽게 한다. 157쪽에 수록된 맛있는 '화이트 초콜릿 맛차 라테(White Chocolate Matcha Latte)'의 레시피 참조.

중세 일본의 사무라이는 전투를 준비하면서 맛차를 마셨다.

맛차 가루

차센(茶筅, 차선)

맛차 마카롱(matcha macalons)
맛차가 혼합된 마카롱은 식물성 영양분이 첨가된 달콤한 스낵이다.

준비 방법

원기를 빨리 회복하기 위해 거품이 많고 향미가 풍부한 이 티를 만들어 보자.

재료

- 체로 친 우스차 등급 맛차 가루 ½~1티스푼 분량
- 섭씨 75도로 가열한 물 ½~⅔컵

1 따뜻하게 예열한 찻종이나 시리얼 그릇에 맛차 가루를 넣고 소량의 뜨거운 물을 더한다. 이것을 차선으로 휘저어 걸쭉하게 만든다.

2 남은 물을 넣고 티가 부드럽고 거품이 생길 정도로 W나 N자 모양으로 재빨리 차선으로 휘저어 준다. 이렇게 차선으로 휘젓는 양식을 '격불(擊拂)'이라고 한다.

맛차 케이크(matcha cake)
케이크나 아이싱을 만들 때 건재료에 맛차 가루를 더한다. 밝은 녹색을 띠는 데는 2~3테이블스푼 분량이면 충분하지만 너무 많이 넣지 않도록 주의해야 한다. 쓴맛이 날지도 모른다.

블루밍티(blooming tea)

'플라워 티(flower tea)'라고도 하는 블루밍티(blooming tea)는 꽃을
찻잎으로 감싼 공예차(工藝茶)이다. 물에 잠기면 말아 넣은 꽃송이가 펼쳐지면서
안에 있는 꽃이 서서히 모습을 드러낸다.

중국 푸젠성에서 기원하는 블루밍티는 날렵한 손재주를 지닌 여인들에 의해 하루에 많은 경우 400송이 이상씩 묶어 만들어진다. 그들은 구불구불한 찻잎, 꽃, 끈을 사용해 지름 2cm의 작은 공 같은 모양의 공예차를 만든다.

녹차처럼 가공된 백호은침의 새싹이 이 과정에서 사용된다. 어린 찻잎이 유연해 작업하기가 쉽고, 또한 우려내면 그 모양이 아름답기 때문이다. 먼저 찻잎들을 밑부분에서부터 조심스럽게 서로 묶는다. 그런 뒤 건조시킨 오스만투스, 재스민, 국화, 백합, 마리골드 등의 꽃을 찻잎과 한데 묶는다. 꽃의 배열 순서에 의해 꽃다발의 스타일이 결정된다.

행복, 번영, 사랑 등을 상징하는 스타일이 있는가 하면, 봄에 피는 꽃처럼 여러 개념을 함축적으로 나타내는 스타일도 있다. 이들 꽃송이는 맨 위에 서로 묶은 뒤 천으로 싸서 고온으로 가열하여 형태를 유지시킨다.

블루밍티를 고를 때는 손상되지 않은 찻잎과 꽃의 색깔이 너무 흐리지 않은 것이 좋다. 블루밍티는 유리 찻주전자에서 준비하는 것이 가장 보기에 좋지만 미리 가열된 길쭉한 텀블러나 유리 피처를 사용할 수도 있다. 찻주전자에 꽃송이를 놓고 물을 섭씨 75~80도까지 가열한 뒤 천천히 꽃다발 위로 부어 찻주전자의 3분의 2를 채운다. 1~2분 지나면 꽃송이가 벌어지고 그 속의 다채로운 꽃들이 모습을 드러내기 시작할 것이다.

백호은침의 새싹이 녹차처럼 가공되었기 때문에 각각의 꽃 공예차에서 몇 차례 더 우려내 먹을 수 있다. 티를 마신 뒤에는 찬물을 넣은 항아리에 며칠 동안 꽃을 넣어 계속 전시해도 좋다.

노련한 장인은
하루에 400송이 이상의
꽃을 묶어 공예차를
만들 수 있다.

건강에 좋은 티

티에는 면역계를 강화시키는 데 도움이 되는 폴리페놀, L테아닌, 카테킨 등의 항산화 성분이 많이 함유되어 있다. 티 가운데서도 녹차와 백차가 가장 몸에 이롭다. 이들 유효 성분이 가득 든 어린잎으로 티를 만들고 가공도 가장 적기 때문이다.

티는 처음에 중국에서 내부 체온을 조절하고 정신을 자극하는 의약용 음료로 사용되었다. 17세기에 유럽으로 전해졌을 때는 강장제와 소화제로 약방에서 팔렸다. 사교상으로 마시는 음료가 된 것은 18세기 전반기 무렵이었다. 그 뒤 티는 건강을 개선시키는 효과로 평가를 받는 일상적인 음료로 발전해 오늘날에 이르렀다.

수많은 과학자들이 건강에 대한 티의 효능을 연구해 왔지만 아직도 찾아내야 할 점이 많다. 차나무로부터 만들어지는 모든 티는 건강에 좋지만, 특히 녹차 추출물의 효능을 주목하는 연구들이 많다. 대부분의 연구에서 건강에 대한 효과를 얻으려면 하루에 적어도 세 잔을 마실 것을 권장하고 있다.

티와 인체

티를 마시는 일은 건강과 웰빙에 전반적으로 기여하겠지만, 티에 함유된 여러 독특한 화합물이 함께 작용해 몸을 이롭게 하며, 스트레스와 질병으로부터 보호하고 뼈와 면역계를 강화한다는 것이 점차 명확해지고 있다. 구강 건강에서부터 소화계의 건강에 이르기까지 이제 티는 그 달콤한 향미뿐만 아니라 건강상의 효능에서도 높이 평가된다.

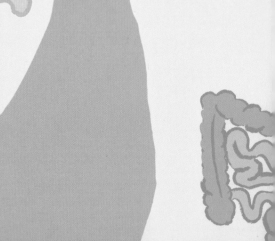

치아 건강
티의 항균 및 소염 특성은 치아의 손상과 박테리아에 의한 구취를 예방하는 데 도움이 된다.

피부 재생
티에 함유된 항산화 성분의 제독 효과는 세포를 재생하거나 회복함으로써 해로운 활성산소로부터 피부를 보호하는 데 도움이 된다. 카페인이 함유되어 있지만, 티는 대부분이 물이기 때문에 흡수된다.

머릿속 각성

모든 티에서 발견되는 폴리페놀은 뇌에서 학습과 기억을 담당하는 부위를 보호하기 때문에 퇴행성 질환의 위험을 감소시킬 것이라 보고 있다.

스트레스 해소

티는 강력한 스트레스 해소 효능이 있다. 특히 녹차에는 독특한 아미노산인 L테아닌이 함유되어 있다. 이 L테아닌은 뇌파에서 알파파를 증가시켜 정신을 이완시키고, 카페인과 항산화 성분들과 결합해 뇌의 건강을 증진시키고 능력을 개선한다.

카페인

티에는 신경계를 자극하는 쓴맛의 화합물인 카페인이 함유되어 있다. 카페인은 식물이 싹을 틔우고 자라는 동안 새싹을 보호하고 잎에 양분을 공급하기 위해 뿌리에서 내보내는 다양한 화합물 중 하나로서 곤충의 공격을 예방하는 기능이 있다고 한다.

건조 찻잎의 단위무게당 카페인의 함유량은 커피의 경우와 비슷하다. 그러나 티는 폴리페놀(타닌)이 카페인의 용해 속도를 늦추기 때문에 각성 효과가 커피보다 훨씬 더 오래 지속된다. 티에서 카페인의 농도는 사용하는 티의 종류, 수온, 우리는 시간, 연중 찻잎을 딴 시기 등에 따라 달라진다.

녹차와 백차에는 홍차와 우롱차보다 더 높은 수준의 항산화 성분이 함유되어 있다.

심장 보호

티에 함유된 폴리페놀은 항산화 성분인 플라보노이드가 풍부한 원천이며, 활성산소의 독성과 돌연변이를 일으키는 효과를 중화시킴으로써 암을 예방하는 데 도움이 된다. 티에 함유된 플라보노이드는 심혈관계 질환으로부터 심장을 보호하는 효능이 있다. 따라서 녹차를 마시면 고혈압의 위험을 상당히 감소시킬 수도 있다.

소화를 쉽게

티, 특히 우롱차는 오랫동안 식후 소화제 음료로 사용되어 왔다. 보이차는 프로바이오틱 특성 때문에 특히 소화에 이롭고, 지방을 연소시키는 효능으로 다이어트 식품으로 소비되고 있다. 녹차는 물질대사를 촉진하여 체내 칼로리의 소비를 돕는다.

골밀도 유지

티의 함유된 폴리페놀 성분은 뼈의 형성을 돕는다. 또한 근육을 강화하고 골밀도를 유지해 준다.

PART 2
티의 완벽한 준비

잎차? 아니면 티백?

티백이 발명된 뒤 잎차보다 그것이 더 장점이 많다고 하는 주장이 계속 제기되었다.
티백의 편리성을 부인하기는 어렵지만, 향미를 따질 때는 잎차 쪽으로 무게가 확실히 쏠린다.

잎차(loose leaf)

잎차를 준비하는 데는 티백의 경우보다 좀 더
수고스러움이 들지도 모르지만 그래도 비교적
간단하다. 그리고 티 한 잔의 품질에 엄청난
차이를 만들어 낸다.

편리성
스트레이너나 메시 인퓨저(mesh infuser)와 같은 특별한
도구는 잎차를 준비하고 청소하는 일을 빠르고 쉽게 해 준다.

신선도와 품질
찻잎을 통째로 사용하기 때문에 티백의 '패닝' 등급, 즉
CTC 방식의 찻잎(오른쪽 페이지)보다 공기에 노출되는
표면적이 적다. 따라서 올바르게 보관해 둘 경우에 더욱더
오래 신선도를 유지한다.

향미
잎차는 찻잎을 통째로 사용하거나 큰 잎으로 사용하기 때문에
방향유를 온전히 함유한다. 따라서 향미가 매우 복합적인 티가
된다.

가격
흔히 잎차는 가격이 비싸다고 인식되고 있다. 그러나 티 한 잔을 우리는
데는 적은 양의 잎차가 필요할 뿐이다. 그리고 우롱차 등 일부 티는
우려내기를 여러 차례 반복할 수 있기 때문에 한 잔의 가격이 낮아진다.

환경 친화성
잎차는 토양 속에서 매우 빠르게 분해되기 때문에 퇴비로도 훌륭하다.

우리기
잎차는 물속으로 향미를 서서히 방출한다. 그래서 그 강도가 빨리
사라지지 않기 때문에 거듭 우려내더라도 그 향미가 계속 남게 된다.

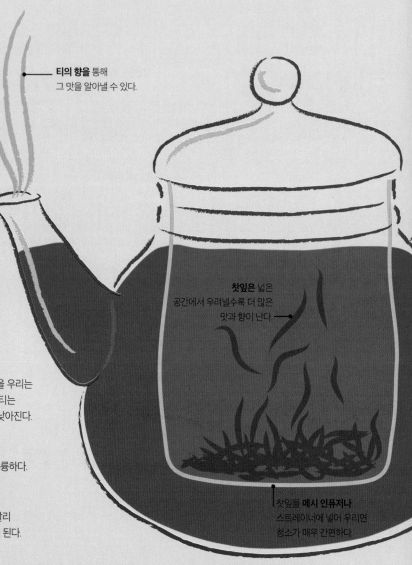

티의 향을 통해
그 맛을 알아낼 수 있다.

찻잎은 넓은
공간에서 우려낼수록 더 많은
맛과 향이 난다.

찻잎을 **메시 인퓨저나**
스트레이너에 넣어 우리면
청소가 매우 간편하다.

티백(tea bag)

티백은 20세기 초에 우연히 도입되었다. 1908년 뉴욕의 티 상인 토머스 설리번 (Thomas Sullivan)이 작은 비단 주머니에 찻잎을 넣은 티 샘플을 고객들에게 발송했다. 그는 고객들이 그 주머니에서 찻잎을 꺼내 우려낼 것으로 생각했다. 그러나 고객들은 찻잎을 주머니에 넣은 채 우려내고는 그 결과에 큰 만족을 얻고 같은 방식으로 포장해 서 더 많이 보내 줄 것을 요청했던 것이다.

티백은 원형과 정사각형의 봉지(위)로 되어 있으며, 이들은 찻잎이 물에 우러나는 데 필요한 공간이 매우 적다. 반면 피라미드형 티백(왼쪽)은 공간이 넓어 찻잎이 잘 우려지는 형태이다.

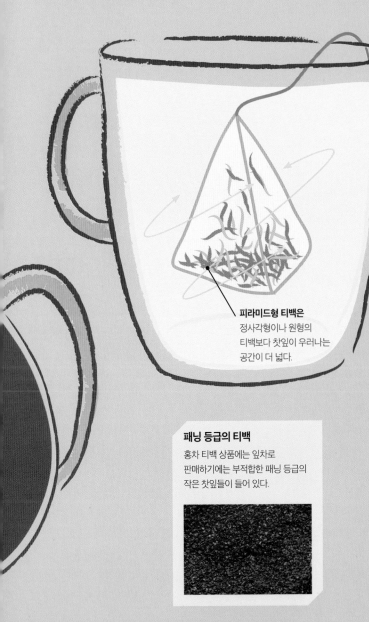

피라미드형 티백은 정사각형이나 원형의 티백보다 찻잎이 우러나는 공간이 더 넓다.

패닝 등급의 티백
홍차 티백 상품에는 잎차로 판매하기에는 부적합한 패닝 등급의 작은 찻잎들이 들어 있다.

편리성
티백은 미리 계량되어 포장된 상태이므로 사용하기가 매우 편리하며, 스트레이너, 찻주전자, 인퓨저 등이 필요없다.

신선도와 품질
티백 상품에는 크기가 알갱이와 같이 작은 패닝 등급의 홍차가 들어 있다. 이 때문에 빨리 우러나기도 하지만, 공기에 노출되는 표면적이 커서 보관 방법과 관계없이 신선도가 빨리 떨어진다.

향미
티백에 사용되는 찻잎은 가공 과정에서 방향유와 향기를 많이 상실한 것이다. 따라서 잎차보다도 향미의 복합성과 미묘함이 떨어진다. 또 찻잎을 우리면 타닌이 더 많이 추출되기 때문에 떫은맛도 더 강할 수도 있다.

가격
큰 상자에 포장된 티백은 비교적 가격이 저렴하다. 그러나 티백이 한 번만 사용되고 버려지는 반면, 잎차는 여러 차례 우려내 마실 수 있다는 점을 고려하면 찻잔당 가격은 잎차의 경우와 비슷하다. 티백은 또한 품질이 유지되는 품질 수명이 짧다.

환경 친화성
일부 티백은 토양 속에서 분해될 수 있지만, 상당수의 티백에는 소량의 플라스틱(폴리프로필렌)이 들어 있기 때문에 여러 해 동안 퇴비 속에 남게 된다. 폴리프로필렌을 사용하지 않는 티백을 찾아보자.

우리기
티백은 찻주전자 없이도 쉽게 우려낼 수 있는 장점도 있지만, 정말로 훌륭한 향미의 티로 우려내는 데 필요한 공간이 적다는 아쉬움도 있다.

티의 보관 방법

잎차는 빛, 공기, 습기에 약하기 때문에 적절한 방법으로 보관해야 한다. 건조 찻잎은 주위의 냄새를
스펀지처럼 빨아들이기 때문에 기밀 용기에 넣어 서늘하고 건조한 곳에 두어야 한다.

품질 수명(shelf life)

찻잎은 비록 비쩍 마른 것처럼 보여도 거기에는 3%의 수분과 휘발성 방향유가 농축되어 있다.
이들은 티의 향미에 필요 불가결한 것이다. 휘발성 방향유는 적절히 보관하지 않으면 증발해
버린다. 녹차는 품질 수명이 6~8개월로 가장 짧은 반면에, 우롱차는 1~2년이나 된다. 홍차는
품질 수명이 2년 이상으로 가장 길지만, 향료나 과일 등을 가미할 경우에는 화학적인 분해가
더 빨리 진행될 수도 있다. 다음과 같은 지침을 지켜 티의 신선도를 좀 더 오래 유지해 보자.

소량으로 구입한다

티를 많이 구입하면 오랫동안
찬장 속에 두게 될 것이다. 견본품 규격이나
'시음용 포장'을 이용하는 것이 최상의
방법이다. 그러면 좋아하지 않게 될지도
모르는 티 때문에 보관 공간이나
용기를 마련할 필요 없이
새로운 티를 맛볼 수 있다.

**올해
수확된 것을 구입**

항상 싱싱한 티를 가지고
시작한다. 올해 수확한 것을
구입했다면 품질 수명이 오래
지속될 가능성이
높아진다.

**서늘한 상태에
보관한다**

서늘하고 건조한 곳, 이상적으로는
키가 낮은 찬장에 보관하되 냉장고
안에는 두지 않는다. 찻잎을
향료나 열원에서 멀리하는
것이 중요하다.

단단히 밀봉한다

찻잎을 백에 보관할 때는
사용한 뒤마다 단단히
밀봉할 수 있도록 한다.

관장 사항

밀폐 상태를 유지한다

주석이나 자기, 또는
스테인리스강 등으로 만든 불투명한
차통에 보관한다. 용기가 밀폐되어
있는지 확인하면 나쁜 냄새가
찻잎에 스며드는 것을 막을 수
있다.

좋은 용기를 고른다

특별한 용기나 차통에 넣어
보관함으로써 소중하게 다룬다.
골동품을 사용한다면 내부의
표면이 납으로 되어 있지 않은지
확인한다.

적절히 보관하면 홍차는
품질을 2년 이상 유지할 수 있다.

빛에 노출시킨다
투명한 용기에 보관하는 것을 피한다. 빛이 찻잎의 품질을 더 빨리 떨어뜨리고 윤택도 사라지게 만들기 때문이다.

열광적으로 구입한다
새로운 티가 출시될 때마다 열광적으로 구입하는 일을 삼간다. 여러 해 동안 우려내 먹지도 못하는 티로 찬장이 가득 찰 것이다.

오븐이나 스토브 위쪽에 보관한다
오븐에서 올라오는 열기가 티의 향미를 약화시킬 것이다.

냉장고에 보존한다
냉장고에서 수분이 응결되면서 찻잎이 습기를 흡수할 것이다.

속에 다른 소재를 대지 않은 목제 용기에 보존한다
티가 밀폐된 비닐백 속에 들어 있지 않다면 반드시 보관에 앞서 목제 용기 내부를 다른 소재로 덮어씌워야 한다. 뚜껑이 헐거우면 티에 습기가 스며들어 퀴퀴해지고 심지어 곰팡이까지 생긴다.

다른 티와 함께 보관한다
하나의 용기 안에 다른 스타일과 향미의 티들을 함께 보관하면 향미가 서로 뒤섞이기 때문에 피해야 한다.

삼가 사항

오래 묵은 티를 구입한다
티를 구입할 때는 항상 얼마나 오래된 것인지를 살펴보고 그것의 품질 수명에 따라 사용한다.

향료와 함께 보관한다
티를 향료와 함께 보관하면 티의 맛과 향에 재앙을 초래할 수도 있다. 찻잎은 다공질이어서 식료품 저장고를 떠다니는 다른 냄새를 빨아들일 것이다.

전문적인 티 커핑

티의 향미를 감별하는 작업을 '커핑(cupping)', 또는 '테이스팅(tasting)'이라고 한다.
그러한 전문가인 '티소믈리에(tea sommelier)'나 '티테이스터(tea taster)'들은 티의 특별한 품질을 평가한다.
미각과 후각을 훈련시키면 서로 다른 티의 복합적인 향미를 알아낼 수 있을 것이다.

전문적인 티테이스터

티의 전문가라고 하는 사람들, 예를 들면 티소믈리에, 티테이스터, 티블렌딩 전문가 등은 날마다 수백 종류의 티를 '커핑'한다. 그들은 다년간의 경험을 쌓으면서 그들의 미각과 후각을 고도로 발달시켰기 때문에 티에서 어떤 특징을 찾아내고, 또 어떤 특징을 버릴지 잘 알고 있다. 티를 테이스팅하여 찻잎의 우량한 특징과 열등한 특징을 판별하는 이 과정을 '커핑'이라고 한다. 모든 커핑에는 표준 절차가 적용된다. 티의 종류와 상관없이 1티스푼의 찻잎을 적당한 온도로 끓인 물 125mmL에 3~5분 동안 우려낸다. 전문가가 아닌 일반인들은 커핑에서 불쾌한 쓴맛을 느낄지도 모르지만, 티테이스터나 티블렌딩 전문가들은 이러한 작업을 통해 새로운 블렌드의 프로파일에 잘 어울리는 찻잎을 선택하거나 새로운 블렌드 제품을 창조하는 정밀한 블렌딩, 즉 '포뮬러(formula)'를 정한다. 그들의 목표는 해마다 작황이 들쑥날쑥한 상황에서도 블렌딩을 통하여 티 상품의 품질을 일정하게 유지하는 것이다.

티 테이스팅 세트

전문적인 티 테이스팅 세트는 테이스팅용 사발, 찻잎을 거르기 위해 입구 가장자리에 톱니 모양으로 홈이 난 컵, 그리고 뚜껑으로 구성된다. 건조 찻잎을 컵에 넣고 그 위에 끓인 물을 붓는다. 컵 위로 뚜껑을 덮고 3~5분 동안 찻잎이 물에 우러나도록 한다. 그 뒤 뚜껑을 닫은 채로 컵을 기울여 테이스팅용 사발에 찻물을 쏟는다. 이때 우린 찻잎은 뒤집은 뚜껑 위에 놓는다.

테이스팅의
모든 단계에서
오감이 철저하게
동원된다.

일반 가정에서의 테이스팅

전문적인 테이스팅은 즐거움을 느끼기 위해 진행하는 것은 아니지만, 일반 가정에서도 티의 다양한 향미와 특징을 탐구하고 재미를 느끼는 데 도움이 될 수 있다. 열린 마음으로 테이스팅을 진행하면 티의 새로운 모습도 발견할 수 있다.

준비 도구

- 사람마다 1티스푼의 녹차, 우롱차, 홍차, 또는 세 종류 티의 그해 신차인 '플라이트 티(flight tea)', 예를 들면 '다르질링 플러그테(Darjeeling Flugtee)' 등과 같은 상품.
- 찻주전자 또는 뚜껑이나 그것을 대신할 수 있는 작은 접시와 찻잔.
- 테이스팅을 하는 동안 미각을 중화시키는 아몬드나 호박씨.

1 건조 찻잎을 검사하고 색상, 모양, 크기, 향미 등을 주목한다. 그리고 용기를 뜨거운 물로 예열한다. 개인마다 1티스푼씩의 찻잎을 찻주전자나 찻잔에 넣는다. 찻잎 1티스푼당 적당한 온도의 물 ¾컵을 더한 뒤 뚜껑이나 작은 접시를 덮고 우려낸다. 각종 티의 우리는 시간에 대해서는 42~47쪽의 지침을 참조할 것.

2 뚜껑을 열고 귀를 기울여 찻잎에서 미미한 펑 소리가 나는지 듣는다.

3 물이 찻잎과 접하면서 향이 퍼지기 시작할 것이다. 맛이 어떨지 감을 잡기 위해 티가 우려지면 뚜껑을 연 찻잔을 코 쪽으로 가져간다. 방향유가 이미 찻물 위로 증발하기 시작했을 것이다.

4 티를 여과시켜 테이스팅용 사발에 붓는다. 우려낸 찻잎도 조심스럽게 살피면서 그 향을 맡는다.

향을 판별하려고 할 때는 티의 맛을 식별할 때 향을 맡지 않도록 해야 한다. 그렇게 하면 후각을 간섭해 향을 분별하기가 어렵기 때문이다.

5 티의 색상을 살핀다. 숨을 들이쉰 뒤 재빨리 한 모금을 후루룩 마심으로써 혀 주위의 모든 미각 수용체에 그 향미를 전한다. 티가 어떤 느낌인지 알아본다. 이것이 '구감(mouthfeel)'(마우스필)이다. 티를 묘사하는 데 도움이 되는 중요한 향미는 '플레이버 휠(flavor wheel)'(50~51쪽 참조)에 나타나 있다.

티를 최대한 즐기는 방법

티는 종류마다 매우 독특한 특징이 있는데, 그들 각각이 특유의 맛, 색깔, 향을 지니고 있다.
다음과 같은 준비 요건은 저마다 독특한 티의 맛을 제대로 경험하는 데 도움이 될 것이지만,
즐기는 것이 가장 중요하므로 준비 요건을 각자의 취향에 맞게 적용해도 좋다.

녹차

최상의 녹차는 탁 트인 들판이나 바다의 공기를 연상시키는 상쾌한
기분을 자아낸다. 수확한 지 1년도 채 되지 않은 찻잎을 가지고 시
작하며 물의 온도에 주의를 기울인다. 너무 뜨거운 물은 티의 맛을
감미롭게 하는 아미노산을 파괴할 것이며, 반면에 너무 차가운 물
은 맛이 제대로 우러나는 것을 막을 것이다.

물에 우려내는 시간은 녹차에서 매우 중요하다. 너무 오래 물에
우린 티는 떫은맛과 쓴맛이 나므로 짧게 물에 우리기 시작해 맛을
보면서 자신의 미각에 맞을 때까지 그 시간을 30초씩 늘리는 것이
가장 좋다.

준비 요건

사용 티 : 중국 장쑤성(江蘇省) 둥팅산(洞庭山)에서 생산된
벽라춘(碧螺春)(Green Snail Springtime)

분량 : ¾컵의 물에 찻잎 1티스푼

수온 : 중국 차의 경우 섭씨 75도, 일본 차의 경우
섭씨 65도. 가능하면 샘물을 사용한다.

우리기 : 시험 삼아 짧게 우린 뒤에 우려낼 때마다 30초씩
그 시간을 늘린다. 3~4회 정도 우려내 즐길 수 있다.

건조 찻잎
녹차의 색상은 짙은 녹색이며,
이 예의 경우와 같이 가늘고
꼬불꼬불하며 칙칙한 것에서부터
납작하고 빛나며 새싹과도 같은
것에 이르기까지 그 모양과 크기가
매우 다양하다.

우린 찻잎
우려내는 동안 찻잎이
풀어져서 새싹과 찻잎이
그 모습을 드러낸다.

찻물
찻잎을 우려내고 여과한 액상의 찻물은 영어로
'리커(liquor)'라고도 한다. 찻빛이 노란색이 살짝 가미된 흐릿한
녹색이다. 부드러운 과일 맛을 띠면서 산뜻한 느낌을 자아낸다.

백차

티 가운데 향미가 가장 미묘하고 섬세하다고 여겨지는 백차에는 폴리페놀을 비롯해 건강에 좋은 여러 종류의 화합물들이 함유되어 있다. 초봄에 처음 새싹이 돋자마자 갓 딴 것으로 중국의 티 세계에서는 높은 지위를 누리고 있다. 향미가 진한 홍차를 좋아하는 사람들에게는 여러 가지 향미가 복합적이고도 훨씬 섬세한 이 티를 제대로 즐기는 일이 어려울지도 모른다.

　백차에는 몇 가지 스타일이 있다. 백호은침이 가장 고급이며, 더욱 세분되어 품질에 따라 가격이 매겨진다. 다소 가격이 무난한 스타일의 백모단(白牡丹)(Bai Mudan)에는 은색 새싹과 큰 찻잎이 들어 있다.

건조 찻잎
백차 찻잎에는 은색의 새싹이 있으며, 찻잎은 더 크고 부서지기 쉬운 짙은 녹색 또는 갈색이다.

준비 요건

사용 티 : 중국 푸젠성 푸딩시(福鼎市)에서 생산된 백모단(白牡丹)

분량 : ¾컵의 물에 찻잎 2티스푼

수온 : 섭씨 85도.. 가능하면 샘물

우리기 : 찻잎을 2분 동안 물에 우린 뒤, 매회 우릴 때마다 30초씩 시간을 늘린다. 보통 2~3회 정도 우려내 즐길 수 있다.

우린 찻잎
백차를 우려냈을 때는 아주 부드러운 새싹, 더 크고 녹색의 몇 가지 색조를 띠는 찻잎, 잔가지 등이 보인다.

찻물
부드러운 황금빛 찻물에는 소나무, 옥수수, 설탕을 태운 것과 같은 맛과 달콤한 향이 난다.

우롱차

각각 다른 산화도, 향, 맛을 가진 광범위한 우롱차를 준비한다. 타이완에서 생산되는 '아리산(阿里山)'과 같은 녹색의 우롱차는 산화도가 35%로 약하면서 꽃향기가 난다. 한편 '무이암(武夷岩)'은 산화도가 무려 80%에 이르고 볶은 듯한 향미가 투박하면서도 풍부하게 느껴지기도 한다.

우롱차는 가장 생산하기 어려운 티 가운데 하나로서 생산자의 기술과 솜씨에 따라 품질이 좌우된다. 부분적으로 산화되는 이 우롱차는 가공 과정에서 문자 그대로 상처를 받지만 매우 너그럽게 포용되는 듯하다. 여러 차례에 걸쳐 우려내 마실 수 있는데, 우릴 때마다 새로운 향미를 자아낸다.

준비 요건

사용 티 : 타이완 자이현(嘉義顯)의 아리산에서 생산된 아리산 우롱차

분량 : ¾컵의 물에 찻잎 2티스푼

수온 : 산화도가 낮은 그린우롱차의 경우 섭씨 85도, 산화도가 높은 블랙우롱차의 경우 섭씨 95도

우리기 : 먼저 뜨거운 물로 찻주전자를 데우고, 또한 찻잎을 헹군 뒤 1~2분 동안 우려낸다. 그 뒤 우리는 횟수가 늘어날 때마다 1분씩 그 시간을 늘린다. 10회 정도까지 우려내 즐길 수 있다.

건조 찻잎
산화도가 낮은 이 우롱차의 약간 짙은 옥색 찻잎은 단단한 공처럼 뭉쳐 있고 간간히 줄기가 붙은 것도 있다.

우린 찻잎
우릴 때마다 크고 굵으며 윤택이 도는 찻잎이 모습을 드러내는데, 가장자리에 붉은색의 기운이 돈다(이 부분에 산화가 일어났음을 가리킨다).

찻물
밝은 노란색의 찻물에서는 달콤한 맛과 향이 있다. 약간 감귤과 꽃과 같은 기미도 있다. 우릴 때마다 계속해서 새로운 향미가 나온다.

건조 찻잎
찻잎의 색상은 흐릿한
녹색을 띠고, 온전한 형태도
있고 부서진 것도 있다.

찻물
황금색의 찻빛을 띠는 찻물에서는 사과와
향신료의 맛이 나고, 무스카텔 포도를
연상시키는 향도 난다.

우린 찻잎
다른 홍차의 경우에는 적갈색이나 호두색,
또는 황금색을 띠지만, 다르질링의 경우에는
갈색이나 녹색을 띤다.

홍차

홍차는 서양에서 가장 보편화된 티이다. 홍차와 친숙해지는 것은 보통 티백과 '잉글리시 브렉퍼스트(English Breakfast)'와 같은 유명 블렌디드 티 등으로부터 시작된다. 이러한 친밀성 때문에 모든 홍차에는 똑같은 특징이 있을 것이라고 예상할 수도 있지만, 복합적인 향미와 특징이 있는 변종들도 꽤 많다.

홍차는 완전 산화차로서 거기에 함유된 폴리페놀은 테아루비긴(색깔)과 테아플라보노이드(향미)로 바뀐다. 아삼 등의 여러 홍차들은 우유나 설탕을 가미할 수 있지만, 다르질링 퍼스트 플러시와 같은 미묘한 향미의 홍차는 무엇인가를 가미하기에 앞서 자연 상태로 맛을 그대로 즐기는 것이 더 낫다.

대부분의 고급 홍차는 역사적으로 인도나 스리랑카에서 생산되지만 중국인들 사이에서도 인기가 높아짐에 따라 홍차의 생산은 오늘날 중국에서도 증가하고 있다.

준비 요건

사용 티 : 인도의 다르질링 지역에서 초봄에 생산된 다르질링 퍼스트 플러시

분량 : ¾컵의 물에 찻잎 2티스푼

수온 : 섭씨 100도

우리기 : 2분 동안 우린다. 다르질링이나 중국 홍차와 같이 찻잎을 통째로 사용하는 홍차는 2회 정도 우릴 수 있다. 이 경우에는 우리는 시간을 1~2분 정도 더 추가한다.

보이차

보이차나 흑차에는 프로바이오틱스, 즉 건강에 좋은 미생물인 활생균이 있다. 이들 티는 여러 해 동안 숙성시킬 수 있으며, 그에 따라 평가도 덩달아 높아진다.

　　이 티는 떡 모양과 벽돌 모양으로 아주 흔히 볼 수 있지만, 잎차로도 판매되고 있다. 때로는 대나무 속에서 숙성시키도 한다. 긴압시킨 보이차를 사용할 경우에는 병차에서 찻잎을 떼어 낼 때 찻잎이 부서지지 않도록 해야 한다. 만약 찻잎이 부서지면 티의 맛이 쓰게 된다. 포장지 위에 있는 생산일도 살펴보자. 보이차는 시간이 흐를수록 계속 숙성되기 때문에 여러 해 동안 보관하면서 해마다 점점 더 나아지는 향미를 맛볼 수 있다.

준비 요건

사용 티 : 중국 윈난성 융더현(永德顯)에서 생산된 2010년산 보이숙병차

분량 : ¾컵의 물에 찻잎 1티스푼

수온 : 섭씨 95도.

우리기 : 먼저 뜨거운 물로 찻잎을 씻은 뒤 우리기에 좋게 부드럽게 한다. 그 뒤 2분 동안 우린다. 우릴 때마다 1분씩 우리는 시간을 더 늘린다. 3~4회 정도 우려내 즐길 수 있다.

우린 찻잎
찻잎은 녹색, 갈색, 검은색 등으로 다양하다.

찻물
불투명한 흑갈색이나 자주색의 찻물에서는 가죽의 향과 검은색 건버찌의 맛이 난다.

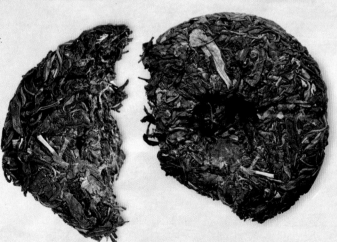

건조 찻잎
떡 모양의 보이차는 여러 색조의 갈색이나 때로는 녹색을 띤다. 보통 길이가 긴 성숙한 찻잎을 압축하여 만든다.

건조 찻잎
황차의 찻잎에는 약간 황금색을 띠며
가늘고 흰 잔털로 뒤덮인 작고 옅은
노란색의 새싹이 들어 있다.

찻물
찻빛이 노란 찻물에서는 처음에 식물의
향미가 나다가 단맛으로 마무리된다.

우린 찻잎
우린 찻잎은 노란색 줄무늬가 있는
작은 깍지의 완두처럼 보인다.

황차

희소성이 매우 높은 황차는 찻잎의 가장 어린 새싹으로 만든
다. 오직 중국에서만 생산되는데, 쓰촨성이 산지인 몽정황아(蒙
頂黃芽)와 후난성이 산지인 군산은침(君山銀針) 등 몇 종류가
전부일 정도로 생산이 적다. 황차는 비장(지라)과 위장에 이롭
고 소화와 체중 감소에 도움이 될 수 있는 아미노산, 폴리페놀,
다당류(polysaccharides), 비타민 등이 풍부하다.

준비 요건

사용 티 : 중국 후난성에서 생산되는 군산은침

분량 : ¾컵의 물에 찻잎 1.5티스푼

수온 : 섭씨 80도. 샘물의 사용을 권장한다.

우리기 : 1~2분 동안 우린다. 새로 우려낼 때마다 1분씩
우리는 시간을 늘린다. 2~3회 정도 우려내 즐길 수 있다.

향미의 과학

우리가 마시는 음료인 티의 향미를 확인하기 위해 우리의 뇌는
혀의 수용체로부터 맛의 자극, 비강으로부터 후각 자극,
마시는 동안 경험하는 질감과 온열 감각 등을 찾는다.

티에는 수백 가지의 향미 성분(화합물)이 있지만 일반인
들은 단지 몇 가지만 분간해 낼 수 있다. 약간 주의를 집
중하고 조금의 경험만 있으면 그것들을 분별할 수 있도
록 뇌를 훈련시키는 일도 가능하다. 티의 중요한 향미 일
부를 확인하기 위해 50쪽~51쪽의 플레이버 휠을
참고하자.

감각

향미를 확인하려고 생각할 때는
여러 가지 감각들이 어떻게 상호
작용하는지를 이해하고 있어야 한다.
오른쪽의 컵 그림 속에 들어 있는 설명은 질감과 맛이
어떻게 상호 작용해 뇌가 티의 떫은 정도에 대한 경험을
형성하는지를 이해하는 데 큰 도움이 된다. 따라서 맛과
냄새는 분리되어 존재하는 것이 아니라 오히려 후각 기
관 안에서 만나 향미의 경험을 자아낸다.

냄새

우리는 티를 살짝 맛보기
전이라도 그 향을 재빨리
알아차린다. 티가 뜨겁다면 찻물
표면 근처의 공기상에 퍼져 있는 향을
맡기 때문이다. 코를 찻물의 표면에
가까이 대고 냄새를 맡으면서 후각
기관을 동원한다. 코를 통해 숨을
들이쉬고 내쉰다. 향은 비강에
머물면서 여러 감각들이 입안에서 맛을
경험할 수 있도록 대비시킨다.

향미

향미는 향(또는 냄새)과 맛이 합쳐진
것이며, 우리가 먹고 마실 때 경험하는 것이
바로 이것이다. 맛은 향과 밀접한 관련이 있다.
우리가 맛보는 것의 75%는 향에 의해
결정된다. 티 속의 휘발성 방향유는 증발해
우리가 살짝 마실 때 우리 비강 속으로
거꾸로 올라옴으로써 맛과 향의 감각이
상호작용할 때 비로소 검출될 수
있는 향미를 자아낸다.

온도

온도는 티의 감각 지각에 중요한 역할을 한다. 티가 뜨거울 때 향
은 더욱 빠르게 증발하고, 어떤 단계의 향미는 티가 식으면서 사
라진다. 연구에 의하면 혀는 티가 차가울 때보다 뜨거울 때 떫은
맛을 더욱더 잘 검출하므로, 백차와 같은 미묘한 향미가 있는 티
를 맛볼 때는 향미를 확인하려고 하기 전에 약간 서늘하게 만드는
것이 이로울 것이다.

혀

혀는 각각 50~100개의 맛 수용체 세포가 들어 있는 1만 개의 맛봉오리로 뒤덮여 있다. 이러한 사람의 혀는 단맛, 짠맛, 신맛, 쓴맛, 감칠맛(일본에서는 우마미) 등 다섯 가지의 기본 맛을 확인할 수 있다. 티를 마실 때는 짠맛을 분간하기 어려웠지만, 다른 기본적인 맛은 알 수 있다.

특정한 맛에 반응하는 입속의 부위를 나타내는 방법으로 수십 년 동안 '혀 지도'가 널리 인정을 받았다. 그러나 현대식 연구에 의해 입속에 있는 미뢰(맛봉오리)가 전부 다섯 가지의 기본적인 맛을 분간할 수 있음이 밝혀지면서 인기가 높았던 이 '혀 지도'는 과학적으로 부정되었다. 식품 영양학자들이 혀 위, 입천장, 목구멍 뒤 등에서도 새로운 맛 수용체를 발견함으로써 맛에 대한 우리의 이해는 계속 진화하고 있다. 학자들은 이들 수용체에 의해 시원한 맛, 톡 쏘는 맛, 칼슘 맛도 확인될 것이라 주장하기도 한다.

경험

기억이나 문화적 경험도 티의 향미에 대한 우리의 인식에 영향을 줄 수 있다. 또한 준비 과정에 세심한 주의를 기울임으로써 티를 마시는 경험이 개선되기도 한다. 아름답고 고요한 분위기를 고르고 평온한 자세로 티를 만드는 것도 우리에게 즐거움을 안겨 줄 뿐 아니라 궁극적으로는 티의 음미를 강화해 줄 수 있다.

맛

혀의 미뢰(맛봉오리)에는 메시지를 뇌에 보내는 맛 수용체가 들어 있다. 우리가 티를 마실 때 침이 분비되어 향미가 바뀌고 조정된다. 티의 성격을 맛으로 평가하려면 재빨리 후루룩 마심으로써 티가 혀의 모든 수용체 위로 퍼지게 한다.

떫은맛

맛과 질감이 상호작용하여 티의 중요한 특질인 떫은맛을 만들어 낸다. 이것은 티가 침과 함께 화학 반응을 일으킴으로써 생기는 입안의 촉감이다. 떫은맛은 티가 우러나는 동안 추출되는 폴리페놀(타닌)의 양에 따라 다양한 정도로 생긴다. 티 전문가들은 적당한 양의 떫은맛을 소중히 여기지만 너무 많으면 불쾌해진다.

질감

티가 치아와 입안의 점막과 접할 때 그 질감을 느끼게 된다. 이것을 '구강 촉감(口感)(마우스필)'이라 하는 경우가 있다. 티의 떫은맛, 바디감(body), 매끄러움 등이 질감을 결정한다. 떫은맛이 적은 티는 '소프트 마우스필(soft mouthfeel)'을, 반면에 떫은맛이 심한 티는 '퍼지 마우스필(fuzzy mouthfeel)'을 느끼게 될 것이다.

우리는 미각과 후각이 함께 작용할 때 비로소 제대로 향미를 감지할 수 있다.

향미의 평가

티를 마셔도 그 향미를 분간하는 일이 어려울지도 모른다.
티에서 발견되는 맛과 향을 시각적으로 표현한 '플레이버 휠'은 향미를
이해하고 감상하는 데 도움이 되는 간편한 가이드이다.

입과 코에 있는 향미 수용체를 통해 티를 평가하면 여기에 12개의 그룹으로 분류된 광범위한 향미 프로파일의 세계로 들어가게 된다. 각각의 그룹은 다시 티의 향미와 특징을 세분해 주는 어구들로 기술되어 있다.

먼저 향(또는 냄새)을 맡고 이어 우려낸 찻물을 맛본 뒤 플레이버 휠을 참고한다. 처음의 반응은 이 휠의 안쪽에 있는 것들이다. 예컨대 중국의 녹차 벽라춘은 당장 초본식물, 단 향, 견과류의 향미를 자아낼 것이다.

한 번 더 홀짝거리거나 우린 찻잎의 향을 맡고 이들 범주 내부의 더 작은 항목을 찾아보자. 그러면 이제 식물성 범주에서는 달콤한 옥수수 맛과 견과류 범주에서는 특수한 밤의 향미를 느낄 것이다. 실험과 경험은 당신이 티의 향미를 확인하는 데 큰 도움을 줄 것이다.

더 많이
맛볼수록
더 쉽게 향미를
확인할 수 있다.

견과류(nuts)
견과류 향미는 모든 종류의 티가
가지고 있는 볶은 맛과 달콤한 맛을
나타낸다. 티에 함유된 타닌의
떫은맛을 설명하는 좋은 어구이다.

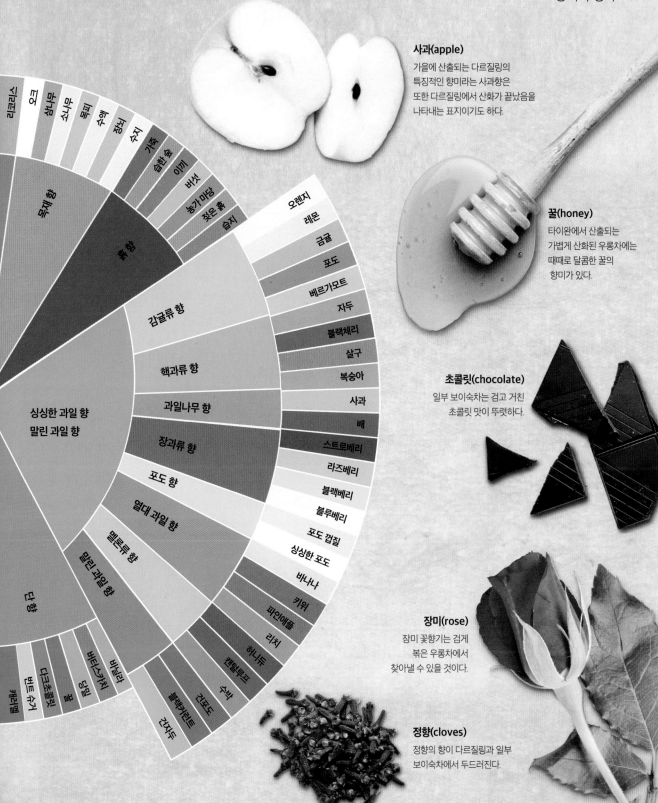

사과(apple)
가을에 산출되는 다르질링의 특징적인 향미라는 사과향은 또한 다르질링에서 산화가 끝났음을 나타내는 표지이기도 하다.

꿀(honey)
타이완에서 산출되는 가볍게 산화된 우롱차에는 때때로 달콤한 꿀의 향미가 있다.

초콜릿(chocolate)
일부 보이숙차는 검고 거친 초콜릿 맛이 뚜렷하다.

장미(rose)
장미 꽃향기는 검게 볶은 우롱차에서 찾아낼 수 있을 것이다.

정향(cloves)
정향의 향이 다르질링과 일부 보이숙차에서 두드러진다.

물

오래된 중국의 속담에 의하면 물은 '티의 어머니'이다. 한 잔의 티에서 물이 99%를 이루기 때문에
이 속담에는 어느 정도의 진실이 담겨 있다. 티를 우리는 물의 성질은 실제로도 티의 향미에 큰 영향을 준다.
티의 향미를 최대한 살리기 위해서는 깨끗하고 냄새가 없는 물을 적당한 온도로 끓여서 사용해야 한다.

강우, 오염, 지하 대수층(지하수를 추출하는 다공성 지하 암반) 등이 모두 도시나 시골이나 각지의 수원에 영향을 준다. 이들 요인에 따라 물의 광물 성분이나 냄새 성분, 그리고 물의 pH도(0부터 14까지 수준에서 7보다 낮은 쪽은 산성, 높은 쪽은 알칼리성으로 나누는 척도)가 정해지는 것이다.

일반적으로 물은 pH가 7로서 중성이지만, 때때로 수돗물은 티에 사용하기에는 약간 지나치게 알칼리성이거나 산성일 수 있다. 수돗물에는 또한 냄새를 지니기도 하는 용존 기체나 티를 우릴 때 그것의 미묘한 향미를 압도할 수 있는 미네랄 성분들이 함유되기도 한다.

티를 우리는 순수한 물을 얻는 과정에서 수도에 필터가 장착되어 있지 않은 경우에는 다음과 같은 방법을 사용해 보자.

페트병에 든 샘물(생수) 광물질이 다량으로 함유되어 부적합한 광천수와 혼동해서는 안 된다. 무기염 성분의 함유량이 50~100ppm인 샘물을 찾는다. 그보다 무기염이 많으면 티에 광물성 향미가 날 것이다.

정수한 수돗물 휴대용 정수기는 수돗물에서 원하지 않는 냄새나 광물을 여과하는 효과가 있다. 필터를 권장하는 대로 교환한다.

수돗물을 섞은 증류수 증류된 물은 아무 맛도 없어 마시기에 거북하다. 그러나 광물질의 농도가 높은 수돗물과 섞으면 티를 우리는 데 적합해진다. 해당 지역의 수돗물 성질에 맞는 비율을 찾아 사용한다.

수온

끓는점은 고도에 따라 달라진다. 해발고도 1300m 이상의 지역에서 살고 있다면, 주전자에서 끓고 있는 물은 아직 100도(섭씨)에 이르지 않았을 것이다. 이것을 보상하려면 개인별로 ½티스푼의 찻잎을 더 넣고 몇 분 정도 더 우린다.

우리는 적정 온도
티를 우리는 물의 온도가 너무 높으면 티는 쓴맛이 나고 향도 사라진다. 온도가 너무 낮으면 제대로 우려지지 않는다.

적정 온도의 찾기

물을 적당한 온도로 끓이는 것은 티를 훌륭하게 우리는 열쇠이다. 싱싱하고 연약한 녹차의 잎은 그 위로 끓는 물을 부으면 익어 버릴 것이다. 우롱차같이 부분적으로 산화된 티에는 녹차의 경우보다 더 뜨겁지만 끓지는 않는 물이 필요할 것이다. 완전히 산화된 홍차에는 그 향미를 발산시키기 위해 약 90도 이상의 뜨거운 물이 필요할 것이다. 한편, 물은 티를 우리는 적정 온도에 상관없이 항상 새로운 찬물로 시작해야 한다.

가변 온도형 주전자가 갖춰져 있지 않다면 녹차, 백차, 황차를 우릴 경우에는 물을 끓인 뒤 주전자의 뚜껑을 5분, 우롱차의 경우에는 3분, 보이차나 그 밖의 흑차인 경우에는 2분 동안 열어 두면 된다.

홍차
100℃

보이차와 우롱차
95℃

백차와 황차
80℃

녹차
75℃

티를 우리는 물은 pH가 7인 중성으로서
용존 미네랄 성분이 적고 염소나 다른 기체의 냄새가
나지 않는 것이 가장 좋다.

티를 우리는 도구들

티숍에서는 최상의 티를 경험할 수 있게 디자인된 다기를 제공한다. 잎차를 사용해 좀 더 나은 티를
우릴 준비를 하려고 한다면 여기에 가장 좋은 몇 가지 선택지를 소개한다.

스트레이너가 장착된
자기제 찻주전자

고전적인 찻주전자는 다양한 크기로 나와 있다. 두 사람이 마실 경우에
도 리필의 여분을 위해 세 잔 용량의 찻주전자를 사용한다. 약 25cm 높
이에서 뜨거운 물을 찻주전자에 부으면 찻잎에 '미는 듯한' 힘이 작용하
여 향미의 발산을 가속시킬 수 있다. 티에서 쓴맛이 나지 않도록 하기
위해서는 일단 티가 다 우려지면 항상 스트레이너를 제거해야 한다.

뚜껑

스트레이너

주둥이

주둥이에 부착된
스테인리스제 코일 필터

주둥이에 코일 필터가 부착된
유리제 찻주전자

유리제 찻주전자는 스트레이너가 장착되는 모든 편리함을 갖추고 있는
데다 물속에서 찻잎이 회전하며 찻빛이 형성되는 모습을 지켜볼 수 있는
장점까지 있다. 주둥이에 부착된 스테인리스제 코일 필터는 티를 찻잔에
따를 때 찻잎이 주전자에서 나가지 않게 막는다.

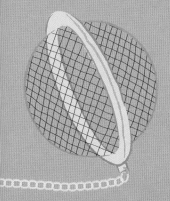

볼 스트레이너

볼 스트레이너(ball strainer)는 고전적인 공 모양으로부터 진기한 모양에 이르기까지 매우
다양한 형태가 있다. 대부분이 머그잔이나 찻주전자의 측면에 부착된다. 모두 효과가 좋
지만, 찻잎이 퍼지지 못하게 막는 단점도 있기 때문에 스트레이너에 여유 공간을 확보해
야 한다. 따라서 건조 찻잎으로 볼 스트레이너 속을 꽉 채우지 않도록 한다.

메시

뚜껑

온도가 미리
설정된 패널

스테인리스제
메시 스트레이너를
부착한 머그잔

머그잔의 스트레이너는 사용 후 깨끗이 씻는 것이 상대적으로
쉬우므로 아무런 부담 없이 티를 우리기에 이상적이다. 찻잎이
향미를 자아낼 수 있게 여유 공간을 마련해 주는 기능도 발휘
한다. 뚜껑이 있는 머그잔을 사용하면 찻잎에서 나오는 향을
보존해 주기 때문에 최상으로 우려낼 수 있다.

온도 가변형 주전자

사용하기 간편한 이들 주전자는 티의 종류에 맞는 온도를 정확히 설정
할 수 있다. 간단히 티의 종류를 고르고 버튼만 누르면 된다. 다른 주전
자에도 온도를 설정하는 기능이 있으므로 티의 종류마다 우리는 적정
온도(42쪽~47쪽 참조)를 미리 알고 있어야 한다. 모델에 따라서는 주전자
에서 찻잎을 우릴 수도 있다.

개완(蓋碗)

중국에서 티를 준비하는 데 사용하는 이 '뚜껑 달린 찻잔'에는 받침 접시까지 있다. 고전적인 도자기 찻잔과 같은 크기로 찻잎은 약 4분의 3컵까지 들어간다. 티를 준비하려면 개완에 찻잎을 넣고 물을 부은 뒤 우린다. 우려내는 시간은 개완의 형태로 인해 약간 더 줄일 수 있다. 돔처럼 생긴 뚜껑은 공기의 흐름을 좋게 하고 수증기를 응결시킨다. 한편 찻잔이 위로 향하면서 입구가 넓어지는 모양 때문에 찻잎이 향미를 발산하기에 충분한 공간을 마련해 준다. 티를 따를때는 뚜껑을 살짝 기울여 찻잎이 딸려 나가지 않도록 한 뒤 나중에 다시 우리는 데 사용한다. 중국에서는 개완으로 직접 티를 우려내 마시면서 찻잎까지 먹기도 한다.

뚜껑

찻잔

받침 접시

이중벽의 유리컵

수공 유리로 만드는 이들 컵은 유리벽 사이에 공기를 가둠으로써 티를 뜨겁게 유지한다. 이 컵으로 티를 처음 마실 때는 주의가 필요하다. 컵의 촉감은 비록 차지만, 안에 든 티는 매우 뜨거워 자칫 혀를 델 수 있기 때문이다.

내부 유리층

플런저

프렌치 프레스

커피를 추출하는 데 흔히 사용되는 도구인 프렌치 프레스(French press)는 티를 우리는 데도 자주 사용된다. 사용법은 동일하다. 찻잎을 프레스 속에 넣고 물을 부은 뒤 적정 시간 동안 기다렸다가 플런저(plunger)를 살짝 밀어 내린다. 그러면 플런저는 찻잎을 손상시키지 않은 채 찻잎과 찻물을 분리시킨다. 물론 찻잎은 다시 우릴 수 있다. 찻잎이 너무 많이 우러나지 않도록 다 우렸으면 프레스 안의 찻물을 모두 따라 낸다.

방출 버튼

빌트인 스트레이너

스마트 인퓨저

보통 합성수지 비스페놀(Bisphenol) A로부터 안전하게 만든 플라스틱 제의 이 인퓨저는 티를 한 잔분 먹기에 딱 좋은 크기이다. 인퓨저에 찻잎을 넣고 그 위에 물을 부은 뒤 찻주전자나 찻잔이나 컵 위에 놓는다. 티는 자동으로 방출된다. 그 흐름을 멈추려면 인퓨저를 들어 올리면 된다. 스마트 인퓨저는 매우 편리하여 티룸이나 티숍에서 많이 도입하지만 청소는 오히려 찻주전자보다 손이 많이 간다.

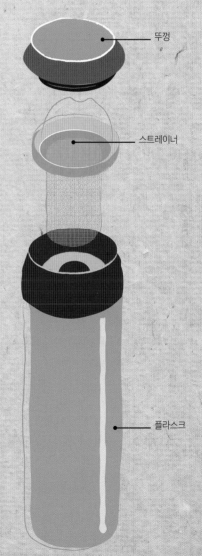

뚜껑

스트레이너

플라스크

여행용 플라스크

시중에는 걸어 다니면서도 마시기 쉽고 편리하게 해 주는 여행용 플라스크가 많이 나와 있다. 대부분의 플라스크는 보온이 잘돼 티를 따뜻하게 마실 수 있다. 내벽이 유리로 된 것도 있지만 대부분은 스테인리스로 만들어져 있다. 가장 좋은 것은 플라스크 윗부분에 바구니형 스트레이너가 부착된 것이다. 이들은 스트레이너가 장착된 이동식 찻주전자인 셈이다. 건조 찻잎을 스트레이너에 넣고 뜨거운 물을 거기에 붓는다. 뚜껑을 꽉 닫고 플라스크를 거꾸로 뒤집어 티를 우려낸다.

티를 우리는 새로운 방법

티를 우려내는 여러 가지 혁신적인 장치가 시중에 나와 있다. 단순한 것, 유선형인 것도 있고,
기괴한 것도 있지만, 모두 티를 훌륭하게 우려내기 때문에 반드시 사용해 보기를 권한다.

핫 인퓨저

전통적으로 티는 뜨거운 물로 우리는 음료이다. 따라서 티는 이를 염두
에 두고 가공된다. 이제는 전통적인 찻주전자를 대신해 그와 똑같이 우
려내 주는 혁신적인 제품들도 나와 있다.

티 셰이커

이 제품은 단순한 형태이지만 멋진 발상으로 만들어진 것이다. 스테인
리스 필터로 맞닿아 두 부분으로 나뉜 티 셰이커는 모양이 전형적인 모
래시계와 비슷하다. 찻잎을 윗부분에 넣고 뜨거운 물을 부은 뒤 뚜껑을
닫는다. 그리고 홱 뒤집어 우러나기를 기다린다. 충분한 시간 동안 우리
고 난 뒤 다시 셰이커를 뒤집어 좌우로 흔들어 티가 필터를 통해 여과되
어 아랫부분으로 내려가게 한다.

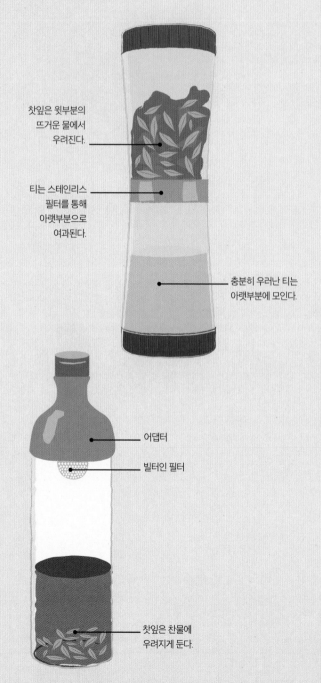

찻잎은 윗부분의
뜨거운 물에서
우러진다.

티는 스테인리스
필터를 통해
아랫부분으로
여과된다.

충분히 우러난 티는
아랫부분에 모인다.

콜드 인퓨저

이들 장치는 오랜 시간에 걸쳐 서서히 티를 우려내기 위해 디자인된 것
으로 찻잎이 서서히 향미를 발산시키게 해 준다. 티가 가지고 있는 최상
의 특성을 끌어내기 위해 뜨거운 물을 사용해 온 전통적인 방식과는 직
감에 반하지만, 콜드 인퓨전(냉침)은 달콤한 맛으로 티의 향미를 산뜻하
게 만들어 준다. 이 방식은 녹차나 황차의 경우 특히 효과적이며, 다른
질링을 우리는 데 독창적인 것이다.

싱글 서브

이 콜드 인퓨저에는 몇 가지의 모양이 다른 것들이 있으며 모두 사용하
기 쉽다. 건조 찻잎을 인퓨저에 넣고 찬물을 더한다. 빌트인 필터를 어
댑터에 나사로 고정시킨 뒤 냉장고에 넣어 2-3시간 우린다. 그런 뒤 어
댑터를 통해 티를 따라 낸다. 인퓨저 가운데는 필터 대신 찻잎을 담아
제거 가능한 스트레이너와 함께 나오는 것도 있다. 그 같은 경우에는 티
를 따르기 전에 스트레이너를 먼저 제거한다.

어댑터

빌터인 필터

찻잎은 찬물에
우려지게 둔다.

인퓨저 타워

콜드 인퓨저 타워에는 비커와 유리관이 있어 일종의 실험 장치처럼 보인다. 높이가 90-120cm에 이르러 냉장고에 들어가기에는 너무 크다. 찻잎을 중간 비커에 넣는다. 찬물을 맨 위의 비커에 붓고 얼음을 넣어 물을 차게 유지한다. 냉각된 물은 찻잎을 지나 구불구불한 관을 지나 맨 아래 비커로 들어간다. 이 모든 과정은 백차의 경우 약 2시간이 걸린다. 우려내는 시간을 늘리려면 드립의 양을 증감시키는 스크루 밸브를 조절한다. 녹차, 황차, 산화도가 약한 우롱차의 경우 1시간이 더 걸리고, 볶은 우롱차의 경우 4시간까지 늘어난다. 보이차와 홍차는 우리는 데 가장 오래 걸리는데, 약 5시간이나 걸린다.

건조 찻잎의 양은
뜨겁게 우리는 온침인 경우보다
50% 더 많이 사용한다.
냉침은 카테킨이나 카페인을
비교적 적게 침출하며,
그 때문에 단맛이 더 강하다.

냉침은
에너지가 덜 필요하고,
따라서 탄소 발자국도
더 적다.

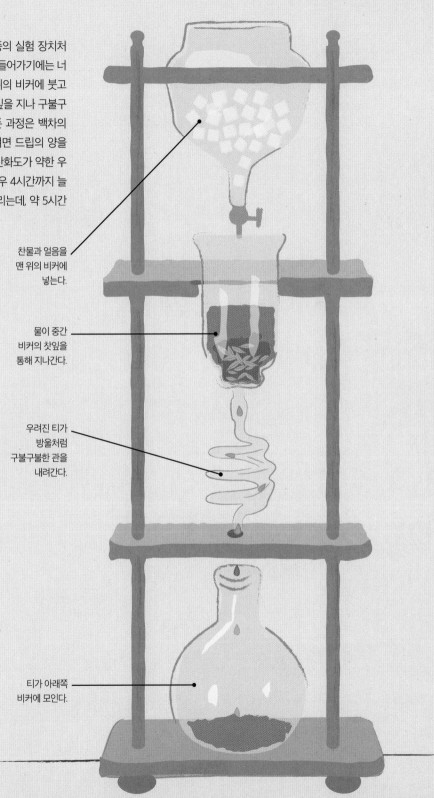

찬물과 얼음을
맨 위의 비커에
넣는다.

물이 중간
비커의 찻잎을
통해 지나간다.

우려진 티가
방울처럼
구불구불한 관을
내려간다.

티가 아래쪽
비커에 모인다.

블렌딩 티

블렌딩은 약 400년 전 중국의 푸젠성 지방에서 시작되었다. 당시 매우 단단하여 블렌딩하기 어려운 전차(磚茶)(brick tea)를
산차(散茶)(잎차)가 대체하고 재스민이나 다른 꽃들을 추가해서 맛과 향을 강화했다. 고전적인 블렌딩이 인기를
유지하고 있지만, 한편으로는 과일과 꽃을 가지고 실험하는 새로운 블렌딩 스타일도 있다. 다음과 같은 레시피를 가지고
여러분 자신의 티를 블렌딩하는 기법을 실행해 보자.

티를 블렌딩하는 데는 '상업적 블렌딩(commercial blending)'과 '시그너처 블렌딩(signature blending)'이라는 두 가지 방법이 있다. 상업적 블렌딩은 여러 곳에서 산출된 30~40종의 티를 사용해 계절과 무관하게 지속적인 맛을 내는 티백을 제조·판매하는 것을 말한다. 블렌딩 전문가들이 날마다 각지에서 산출되는 수백 종의 티를 맛보면서 블렌드를 만들어 낸다. 그들의 목표는 작년이나 재작년과 똑같은 향미를 만드는 것이다. 반면에 시그너처 블렌딩에서는 보통 건조시킨 과일, 향료, 꽃 등을 섞으면서 산지가 다른 몇 종의 티를 함께 블렌딩한다. 상업적 블렌딩에서는 보통 찻잎에 여러 가지 향료와 에센셜 오일을 뿌린 뒤 블렌딩 드럼에 넣어 혼합하지만, 여러분은 가정에서 그릇에 내용물을 담고 함께 휘저어 블렌딩할 수 있다. 여기서 소개하는 모든 레시피는 티 200g의 블렌딩을 기준으로 한 것이다.

고전적 블렌드

대부분의 티 애호가는 이러한 블렌드와 매우 친숙하다. 이 가운데 일부는 수백 년 동안 지속될 만큼 고전적이다. 겐마이차(玄米茶, Genmaicha)를 제외한 모든 티는 우유와 함께 낼 수 있다. 아래에 제시된 블렌드의 레시피를 시도해 보거나, 아니면 자신의 취향에 맞게 시그너처 블렌드를 제안할 수 있는 블렌딩 비율로 실험해 보자.

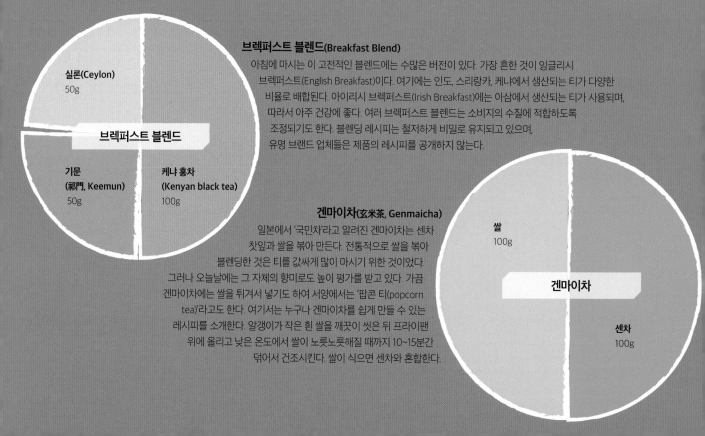

브렉퍼스트 블렌드(Breakfast Blend)

아침에 마시는 이 고전적인 블렌드에는 수많은 버전이 있다. 가장 흔한 것이 잉글리시 브렉퍼스트(English Breakfast)이다. 여기에는 인도, 스리랑카, 케냐에서 생산되는 티가 다양한 비율로 배합된다. 아이리시 브렉퍼스트(Irish Breakfast)에는 아삼에서 생산되는 티가 사용되며, 따라서 아주 건강에 좋다. 여러 브렉퍼스트 블렌드는 소비지의 수질에 적합하도록 조정되기도 한다. 블렌딩 레시피는 철저하게 비밀로 유지되고 있으며, 유명 브랜드 업체들은 제품의 레시피를 공개하지 않는다.

실론(Ceylon)
50g

브렉퍼스트 블렌드

기문
(祁門, Keemun)
50g

케냐 홍차
(Kenyan black tea)
100g

겐마이차(玄米茶, Genmaicha)

일본에서 '국민차'라고 알려진 겐마이차는 센차 찻잎과 쌀을 볶아 만든다. 전통적으로 쌀을 볶아 블렌딩한 것은 티를 값싸게 많이 마시기 위한 것이었다. 그러나 오늘날에는 그 자체의 향미로도 높이 평가를 받고 있다. 가끔 겐마이차에는 쌀을 튀겨서 넣기도 하여 서양에서는 '팝콘 티(popcorn tea)'라고도 한다. 여기서는 누구나 겐마이차를 쉽게 만들 수 있는 레시피를 소개한다. 알갱이가 작은 흰 쌀을 깨끗이 씻은 뒤 프라이팬 위에 올리고 낮은 온도에서 쌀이 노릇노릇해질 때까지 10~15분간 덖어서 건조시킨다. 쌀이 식으면 센차와 혼합한다.

쌀
100g

겐마이차

센차
100g

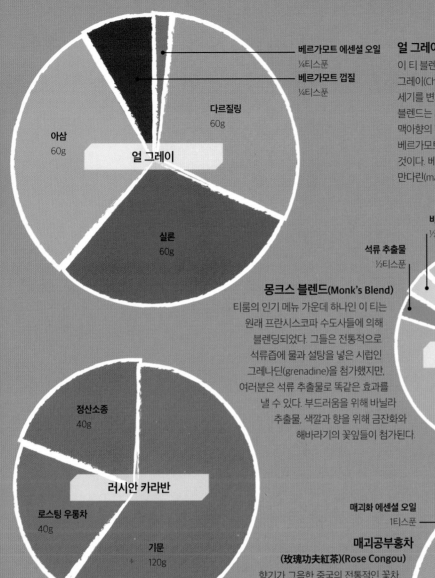

베르가모트 에센셜 오일
¼티스푼

베르가모트 껍질
¼티스푼

다르질링
60g

아삼
60g

얼 그레이

실론
60g

얼 그레이(Earl Grey)

이 티 블렌드는 1830년에 영국의 총리로 부임하였던 찰스 그레이(Charles Grey, 1764~1845)에서 유래된 뒤로 그 향미의 세기를 변화시켜 온 매우 신선한 향미의 홍차이다. 이 고전적인 블렌드는 세 가지의 홍차, 즉 '다르질링', 매우 산뜻한 '실론', 맥아향의 '아삼'으로 만들어진다. 이 블렌드의 특징적인 향은 베르가모트의 오일과 껍질이 블렌딩되어 있기 때문에 나오는 것이다. 베르가모트 껍질 대신에 운향과의 귤인 만다린(mandarin)의 껍질을 사용할 수도 있다.

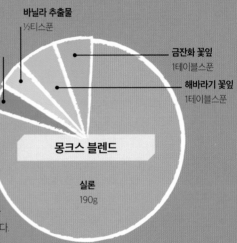

바닐라 추출물
½티스푼

석류 추출물
½티스푼

금잔화 꽃잎
1테이블스푼

해바라기 꽃잎
1테이블스푼

몽크스 블렌드

실론
190g

몽크스 블렌드(Monk's Blend)

티룸의 인기 메뉴 가운데 하나인 이 티는 원래 프란시스코파 수도사들에 의해 블렌딩되었다. 그들은 전통적으로 석류즙에 물과 설탕을 넣은 시럽인 그레나딘(grenadine)을 첨가했지만, 여러분은 석류 추출물로 똑같은 효과를 낼 수 있다. 부드러움을 위해 바닐라 추출물, 색깔과 향을 위해 금잔화와 해바라기의 꽃잎들이 첨가된다.

정산소종
40g

러시안 카라반

로스팅 우롱차
40g

기문
120g

러시안 카라반(Russian Caravan)

마음을 평온하게 해 주는 이 블렌드는 세 종류의 중국 홍차, 즉 기문, 정산소종, 덖은(로스팅) 우롱차로 만들어지며, 19세기에 중국에서 러시아로 티와 다른 상품을 낙타로 운송했던 카라반을 기리는 것이다. 그 여정은 보통 여러 달이 걸릴 정도로 길고, 티는 모닥불의 연기에 그을리고 비바람에 노출되었다. 이 티는 약간의 연기 냄새로 정산소종 자체의 목탄 같은 맛을 좋아하지 않는 사람들에게 장작불의 달콤한 냄새를 연상시킨다.

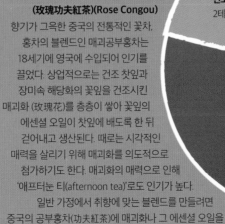

매괴화 에센셜 오일
1티스푼

건조 매괴화
2테이블스푼

매괴공부홍차

공부홍차
190g

매괴공부홍차
(玫瑰功夫紅茶)(Rose Congou)

향기가 그윽한 중국의 전통적인 꽃차, 홍차의 블렌드인 매괴공부홍차는 18세기에 영국에 수입되어 인기를 끌었다. 상업적으로는 건조 찻잎과 장미속 해당화의 꽃잎을 건조시킨 매괴화 (玫瑰花)를 층층이 쌓아 꽃잎의 에센셜 오일이 찻잎에 배도록 한 뒤 걷어내고 생산된다. 때로는 시각적인 매력을 살리기 위해 매괴화를 의도적으로 첨가하기도 한다. 매괴화의 매력으로 인해 '애프터눈 티(afternoon tea)'로도 인기가 높다.

일반 가정에서 취향에 맞는 블렌드를 만들려면 중국의 공부홍차(功夫紅茶)에 매괴화나 그 에센셜 오일을 첨가한 뒤 밀폐된 용기 속에 며칠 동안 넣어 둔다.

현대의 블렌드

신선한 과일이나 꽃을 건조시킨 형태로 티에 블렌딩하는 경향은 매우 오래전부터 서서히 증대되고 있으며, 특히 강렬하면서도 달콤한 과일의 향미가 특징인 블렌디드 티에 대한 수요는 급증하고 있다. 흔히 패스트리나 디저트의 이름을 따서 명명되는 이들 블렌드는 아주 인기가 높아 이제는 '디저트 티(dessert teas)'라는 그들 자체의 카테고리까지 생겼다. 이들은 또한 처음에는 티 자체를 즐기지 못한다고 생각한 사람들마저도 구미에 맞는다고 느끼게 만들기 때문에 '게이트웨이 티(gateway tea)'라고도 한다. 이들 티는 차게 해서 낼 때 시각적으로 좋은 느낌을 주며, 베이킹의 액체 재료로도 효과적이다. 이러한 블렌드에서는 부가 재료의 향미가 주요 재료인 티의 향미를 압도하기 때문에 굳이 고급 티를 사용할 필요가 없다. 훌륭한 블렌딩은 사람들의 주의를 끌고자 애쓰는 것이 아니라 서로 어울리는 재료를 사용하는 것이다. 좋은 경험 법칙은 만약 홍차를 기본 티로 사용할 때 몇 가지의 재료들이 디저트로서 서로 시너지 효과를 낸다면, 비록 다른 분류의 티를 그 재료들과 함께 사용하더라도 티로서 제 효과를 발휘할 것이다. 여기서는 일반 가정에서 시도해 볼 만한 몇몇 훌륭한 디저트 블렌드들을 소개한다. 이러한 블렌드들은 기본 티를 우릴 때 권장되는 물의 온도와 시간을 동일하게 적용해 우린다.

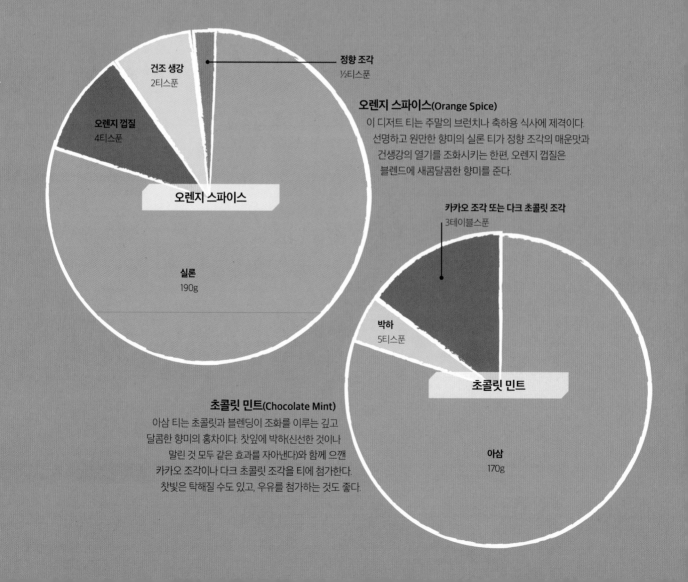

정향 조각
½티스푼

건조 생강
2티스푼

오렌지 껍질
4티스푼

오렌지 스파이스(Orange Spice)
이 디저트 티는 주말의 브런치나 축하용 식사에 제격이다. 선명하고 원만한 향미의 실론 티가 정향 조각의 매운맛과 건생강의 열기를 조화시키는 한편, 오렌지 껍질은 블렌드에 새콤달콤한 향미를 준다.

오렌지 스파이스

실론
190g

카카오 조각 또는 다크 초콜릿 조각
3테이블스푼

박하
5티스푼

초콜릿 민트

아삼
170g

초콜릿 민트(Chocolate Mint)
아삼 티는 초콜릿과 블렌딩이 조화를 이루는 깊고 달콤한 향미의 홍차이다. 찻잎에 박하(신선한 것이나 말린 것 모두 같은 효과를 자아낸다)와 함께 으깬 카카오 조각이나 다크 초콜릿 조각을 티에 첨가한다. 찻빛은 탁해질 수도 있고, 우유를 첨가하는 것도 좋다.

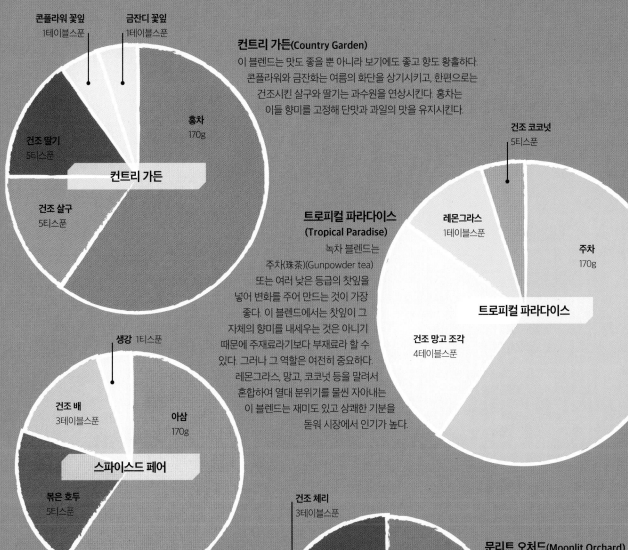

콘플라워 꽃잎
1테이블스푼

금잔디 꽃잎
1테이블스푼

홍차
170g

건조 딸기
5티스푼

컨트리 가든

건조 살구
5티스푼

컨트리 가든(Country Garden)

이 블렌드는 맛도 좋을 뿐 아니라 보기에도 좋고 향도 황홀하다. 콘플라워와 금잔화는 여름의 화단을 상기시키고, 한편으로는 건조시킨 살구와 딸기는 과수원을 연상시킨다. 홍차는 이들 향미를 고정해 단맛과 과일의 맛을 유지시킨다.

건조 코코넛
5티스푼

레몬그라스
1테이블스푼

주차
170g

트로피컬 파라다이스

건조 망고 조각
4테이블스푼

트로피컬 파라다이스 (Tropical Paradise)

녹차 블렌드는 주차(珠茶)(Gunpowder tea) 또는 여러 낮은 등급의 찻잎을 넣어 변화를 주어 만드는 것이 가장 좋다. 이 블렌드에서는 찻잎이 그 자체의 향미를 내세우는 것은 아니기 때문에 주재료라기보다 부재료라 할 수 있다. 그러나 그 역할은 여전히 중요하다. 레몬그라스, 망고, 코코넛 등을 말려서 혼합하여 열대 분위기를 물씬 자아내는 이 블렌드는 재미도 있고 상쾌한 기분을 돋워 시장에서 인기가 높다.

생강 1티스푼

건조 배
3테이블스푼

아삼
170g

스파이스드 페어

볶은 호두
5티스푼

스파이스드 페어(Spiced Pear)

건조 배의 달콤한 맛 때문에 견과류의 향미를 내는 이 블렌드에는 아삼 티를 블렌딩하는 것이 제격이다. 볶은 호두가 단맛을 절충해 주는 반면, 생강은 약간 매운맛을 낸다. 원한다면 이 티에 우유를 넣어 즐겨도 좋다.

건조 체리
3테이블스푼

볶은 아몬드
3테이블스푼

문리트 오처드

기문
165g

문리트 오처드(Moonlit Orchard)

가끔 '티의 버건디'라고도 하는 기문은 가장 향미가 풍부하고 만족감을 주는 중국 홍차이다. 참고로 '버건디(Burgundy)'는 프랑스 브루고뉴 산지의 유명 와인이다. 티 자체에 블랙체리 향미가 나기 때문에 건조 살구와 잘 어울린다. 으깬 아몬드의 견과류 향미가 단맛을 조절해 주는 한편, 거기에 함유된 오일이 이 블렌드의 향미를 부드럽게 만든다.

PART 3
세계의 티

티의 장대한 역사

티는 아시아에서 발견된 이래 전 세계에서 인기를 누려 왔다.
하지만 몸과 마음을 되살리는 것으로 알려진 이 음료에는 혁명을
불러일으키고 전쟁을 일으키는 등 격동의 역사가 있다.

떡 모양의 보이차

티의 발견

티는 기원전 2737년 중국의 신농 황제
가 발견한 것으로 알려져 있다. 그는 차
나무 아래서 쉬고 있다가 물이 끓고 있
는 주전자 속에 떨어진 잎에서 향기가
나는 것을 알아차렸다. 그 향에 이끌려
물을 살짝 맛보자 평안한 기분을 느꼈
다고 한다.

당나라의 티 전문가
육우

전파

중국 당나라 시대(618~907)에 일본과
한국의 불교 승려들이 중국의 차나무
씨를 고국에 가지고 가서 심었다. 두
나라의 승려들은 오늘날까지 이어지
고 있는 티 문화를 발전시켰다.

760년-762년
당나라 티 전문가
육우(陸羽, 733~804)가
『다경(茶經)』을 저술

828년
차나무 씨가 한국에 이르러
남쪽의 하동 화계 마을에 가까운
지리산에 심어짐

기원전 2737년
중국의 신농(神農) 황제가
티를 발견

티 연대기

기원후 420년
불교 승려들이 명상을 위해
티를 음용

618년-907년
중국의 당나라 시대에 형성된 차마고도(茶馬古道)는 중국과
티베트, 윈난성의 세 지역을 잇는 삼각 무역의 교통로였다

경작

기원후 420년에 이르러 중국의
불교 선종 승려들이 명상 동안 정
신 집중을 유지하기 위해 티를 우
려내 마셨다. 그들은 사찰 가까이
에 차나무를 재배하고 티를 떡처
럼 가공해 각지 사람들에게 판매
하였다. 이윽고 농부들이 티를 재
배하고 가공하는 법을 배웠으며,
티를 마시는 일은 일상생활의 일
부가 되었다.

교역로

지도에 붉은색으로 나타낸 차마
고도는 중국을 몽골이나 티베트
로 연결하기 위해 만들어졌다.
중국인들은 이 경로를 통해 찻
잎을 떡 모양으로 뭉친 병차(餅
茶, tea cake)를 운송용과 전투용
의 튼튼한 말과 교환했다.

티베트

중국

쓰촨성

윈난성

몽골의 침공

1271년 몽골족이 중국에 침공해 원나라 (1271년~1368년)를 세웠다. 몽골족은 중국의 세련된 티 문화 양식에 관심이 없었고 그들 자체의 소박한 방식을 선호했기 때문에 중국의 토착적인 티 문화가 점차 사라지기 시작했다. 그 뒤 명나라 (1368년~1644년)가 원나라 다음으로 들어서자 티의 가공 양식이 압착된 덩어리 모양의 '단차(團茶)'에서 '산차(散茶)'(잎차)로 발전했다.

몽골의 티

짠맛의 야크버터 티, 즉 '수유차(酥油茶)'는 과거에나 지금이나 몽골인의 식사에서 없어서는 안 될 음료이다.

1271년

몽골족이 중국을 침공해 송나라의 티 문화가 쇠퇴

1590년대

중국에 있던 포르투갈 선교사들이 티를 설명하는 편지를 본국으로 보냄

1610년

포르투갈인이 중국에서 티를 수입하기 시작

1619년

네덜란드인이 티를 수입해 유럽 제국에 재수출하기 위해 인도네시아의 바타비아(지금의 자카르타)에 항구를 건설

1658년

런던의 신문에 '중국 음료'로 알려진 티를 런던의 커피하우스에서 마실 수 있다는 내용의 광고가 실림. 이때 영국에서 마실 수 있는 티는 소량이었다

1662년

영국 국왕 찰스 2세가 포르투갈 공주 브라간사의 캐서린과 결혼했으며, 이때부터 티를 마시는 풍속이 영국 상류층에서 대유행

티의 열풍

16세기에 포르투갈인은 최초로 티를 마시는 유럽인이었지만, 티의 인기를 높인 것은 네덜란드인이었다. 네덜란드는 티의 최대 수입국이 되어 유럽의 다른 나라들에 티를 수출했다. 티는 가격이 매우 높았기 때문에 상류층들의 전유물이 되었다.

동인도회사

1600년 민간 기업으로 설립된 영국의 동인도회사(EIC)는 전 세계 무역의 절반을 차지하는 막강한 독점 기업으로 성장했다. 처음에는 영국에서 소비되는 티의 전부를 중국에서 수입했지만, 나중에는 그들 자체의 차나무를 경작해 영국과 그 식민지에 공급했다.

아삼 티

브라간사의 지참금

1662년 포르투갈의 공주 브라간사의 캐서린(Catherine of Braganza, 1638~1705)이 영국 국왕 찰스 2세(Charles Ⅱ, 1630~1685)와 결혼했다. 그녀의 많은 혼수 가운데는 포르투갈 귀족들 사이에 이미 인기 있는 음료인 티의 상당량과 동인도회사의 극동 본부가 되어 그들이 전 세계에 티를 수출할 교두보인 봄베이(지금의 뭄바이)가 포함되었다. 이때 티는 영국에서 널리 소비되지 않았지만, 캐서린 왕비로 인해 영국 궁정에서도 티의 인기가 높아졌다.

러시아 티

티는 1638년 러시아에 소개되었지만, 러시아인이 티를 즐긴 것은 티가 꾸준히 공급된 티 캐멀 로드가 생긴 뒤였다.

티의 어원은?

유럽인은 중국 푸젠성 샤먼(廈門) 지역의 방언을 사용하는 티 상인과 교역한 이래 그들이 티를 '테이(tay)'라고 부르는 것을 받아들였다. 이것이 영어의 '티(tea)', 프랑스어의 '테(thé)', 네덜란드어의 '테(thee)', 독일어의 '테(Tee)'가 되었다.

1664년
동인도회사가 중국으로부터 인도네시아 자바를 거쳐 영국으로 티를 수입하기 시작

1689년
티 캐멀 로드(Tea Camel Road)는 시베리아를 거쳐 러시아와 몽골을 연결해 두 나라 사이의 티 교역을 증진

1676년
영국에서 티의 인기가 높아짐에 따라 찰스 2세는 티에 119%의 세금을 부과

1773년
아메리카 대륙 식민지에서는 과세에 대한 불만으로 인해 '보스턴 티 파티(Boston Tea Party)'가 터지고 선적된 많은 티들이 항구에 내던져짐

영국 식민지

티는 비록 높은 세금이 부과되기는 했지만, 북아메리카 대륙의 영국 식민지에서 애용되었다. 식민지 사람들은 영국의 '대표 없는 과세 정책'에 저항하기 위해 1773년 12년 16일 보스턴에서 정박 중이던 선박의 티를 바다에 내던졌다. 이 '보스턴 티 파티'가 미국 독립 전쟁(1775~1783)을 촉발시켰다.

밀무역

영국에서 티에 대해 높은 세금을 부과하자 번창했던 티 무역이 밀무역으로 성행했다. 티는 유럽에서 대영해협과 맨섬을 통해 영국으로 밀반입되었다. 비록 18세기 초에 밀무역이 성행했더라도 개별 밀수업자들이 소형 선박, 때로는 노 젓는 배를 이용해 아주 작은 규모로 한 번에 60상자 미만을 반입하는 정도였다.

중국으로의 침투

인도에서 토종 차나무가 발견되었지만 동인도회사에서는 여전히 중국종인 시넨시스(sinensis) 품종을 선호했다. 시넨시스 품종은 다르질링의 선선한 기후와 높은 고도에서도 잘 견딜 수 있기 때문에 아사미카 품종보다 시넨시스 품종이 더 우수한 것이 입증되었다. 식물학자 로버트 포춘(Robert Fortune)이 중국 내지로 파견되어 꺾꽂이용 가지, 씨, 차나무에 대한 재배 지식을 얻어 왔다.

아편 전쟁

인도에서 영국의 다원이 조성되는 동안 동인도회사에서는 중국과의 교역을 계속했다. 그 회사에서는 인도에서 재배되는 값싼 아편을 중국인들에게 팔고 은을 받았으며, 그리고 그 은으로 티를 구입했다. 1820년대에 이르러 중국에 아편 중독이 널리 퍼지자 중국 조정에서는 아편을 피우는 것을 금지하였다. 이 금지에도 불구하고 아편 무역이 계속되자 1839년과 1860년 사이에 중국과 영국 간에는 두 차례의 아편 전쟁이 벌어졌다.

중국의 개완

1778년
박물학자 조지프 뱅크스 (Joseph Banks)가 차나무를 인도 동북부에서 재배할 것을 영국 정부에 권고

1823년
인도 아삼 지방에서 토종의 차나무인 아사미카 품종이 발견됨

1837년
미국이 중국과 직접 교역하기 시작

1839년~1860년
아편 전쟁

1784년
영국 총리인 윌리엄 피트(William Pitt)가 티에 대한 세금을 119%에서 12.5%로 인하함으로써 노동자 계층도 마실 수 있게 됨

1835년
토종 아사미카 품종의 꺾꽂이를 통해 아삼에서 자라던 차나무를 처음으로 재배함

1838년
아삼 지역에서 생산된 소량의 티가 런던으로 보내져 검증됨

대중을 위한 티

18세기의 대부분 동안 영국에서는 티가 값이 매우 비싸서 노동자 계층은 마실 수 없었다. 하지만 정부에서 1784년 세율을 인하하자 티의 밀수입이 끝나고 대부분의 국민도 티를 마실 수 있게 되었다. 노동자 계층은 품질이 낮은 티를 마시면서 그것을 일상적인 식사에 통합시켜 빵, 버터, 치즈와 함께 먹었다. 티를 당시 인기 음료였던 맥주 대신에 마시게 됨으로써 국민의 건강이 증진되고 정신도 맑아졌다.

인도에서 차나무의 재배

운송 시간이 길고 가격이 높으며 수출입도 불안정하자 동인도회사에서는 티를 안정적으로 조달하기 위해서 인도에서 차나무를 재배해야 한다고 확신했다. 인도의 아삼 지방에서 최초로 차나무가 재배된 것은 1835년이었으며, 그 후 10년이 지나서야 비로소 대규모로 수확이 이루어졌다. 1870년대에 이르러 개인 소유의 다원이 아삼과 다르질링의 전역으로 확대되었다. 그 결과 인도는 중국보다 더 값싸고 풍부한 티의 조달처가 되었다.

다르질링 티

자기 그릇

유럽의 장인들은 18세기 중엽에 자기 제조 과정을 확립
했으며, 19세기 중엽에 이르자 영국과 유럽의 본차이나
요업들은 애프터눈 티용 찻잔 세트의 수요를 맞추느라
사업이 큰 활기를 띠었다.

본차이나

섬세한 본차이나 찻잔과
잔 받침은 가장자리가
도금되어 있어 저녁
무렵의 등불을 받으면
반짝거렸다.

수에즈 운하

수에즈 운하가 1869년 개통되자 티를 생산하는
아시아 제국에서 유럽이나 북아메리카로 증기선
이 항행하는 것이 이전과는 비교할 수 없을 정도
로 경제성이 높아졌다. 더 크고 빠른 증기선의 항
행 덕분에 구미의 시장에서는 처음으로 더 신선
하고 더 품질이 좋은 티를 마실 수 있게 되었다.

1840년

영국이 처음으로 실론(스리랑카)에서
차나무의 재배를 시도했지만 실패

1869년

수에즈 운하가 개통되어 증기선들은 아시아 여행의
비용과 시간을 줄일 수 있었다. 실론에서 커피의 재배가
실패하자 차나무의 재배가 진지하게 시작됨

1840년대

쾌속 범선에 의해 미국까지
티 운송이 빨라짐

1869년

영국인들이 스리랑카에서
차나무의 재배를 시작. 티를 쉽게
조달하게 되자 극적인 가격
인하로 이어짐

1872년

증기로 가동되는 최초의 롤링머신이
아삼에서 사용되어 티 생산의 시간과
비용이 절감

티의 해상 운송

19세기 전반에는 범선들이 아프리카의 희망봉을
돌아 영국과 미국까지 항해해야 했다. 새로 발명
된 쾌속 범선은 나지막하고 날렵한 디자인과 정
사각형 돛 덕분에 시속 20노트까지 속도를 낼 수
있어 구형 범선보다 2배나 빨리 달렸다. 마지막
으로 건조된 그 같은 상선 가운데 하나인 커
티삭호(Cutty Sark)는 1877년까지 티를 운
송했다.

인도의 홍차

19세기 후반이 되자 인도에서는 티 가공
공장들이 번창했으며, 빅토리아 여왕 재
위 동안(1837~1901) 해마다 새로운 토지
가 다원으로 개간되었다. 인도에서는
유럽, 오스트레일리아, 북아메리카 등에
서 요구되는 훌륭한 품질의 홍차를 생산
했다.

쾌속 범선

티 봉쇄 블록

제2차 세계 대전 전에는 중국과 일본의 녹차가 북아메리카에서 소비되는 모든 티의 40%를 차지했다.

티 브레이크

19세기 후반 산업혁명이 절정을 이루면서 공장의 근로자들은 근무 시간이 길어졌다. 공장주들은 근로자들에게 오전 및 오후의 휴식 시간에 티를 공짜로 제공하기 시작하면서 이 관습은 '티 브레이크(tea break)'로 알려지게 되었다. 그 뒤 가정에서 일하는 하인들은 티 수당을 받기 시작했다.

제2차 세계 대전

제2차 세계 대전 동안 티는 영국인의 사기 진작에 중요한 역할을 했다. 민간인에게는 매주 1인당 56g이 배급되었지만 군인이나 비상 근무자들에게는 더 많은 양이 할당되었다.

북아메리카로 향하는 항로가 전쟁으로 인해 봉쇄되자 오직 홍차만이 대서양을 횡단해 운송되었다. 전쟁 끝 무렵에 이르러 북아메리카인들은 녹차를 전혀 마시지 않았으며, 훨씬 나중에 가서야 비로소 다시 마시게 되었다.

1908년

뉴욕의 티 상인이었던 토머스 설리번(Thomas Sullivan)이 비단 주머니에 티 샘플을 넣어 보낸 것이 계기가 되어 우연히 티백이 인기를 얻게 됨

1939년-1945년

제2차 세계 대전으로 티의 중요한 무역 경로가 봉쇄되고 티가 배급 물품이 됨

1960년대-현재

티의 인기가 계속 높아져 오늘날 티는 전 세계에서 물 다음으로 가장 널리 소비되는 음료가 됨

1910년

인도네시아에서 차나무가 재배되기 시작

1920년

티백이 시장에서 판매할 목적으로 개발됨

1957년

로터베인(Rotorvane) 기계가 발명되어 티의 생산성이 대폭 증가됨

애프터눈 티

19세기 말에 이르자 영국에서는 귀족은 물론 중산층에서도 애프터눈 티가 하나의 의례가 되었다.

숙녀들은 가정에서 별도로 만들어진 티 가운(tea gown) 차림으로 가까운 친구들에게 티를 대접했다. 티 가운은 낙낙해 코르셋을 하지 않고 입을 수 있는 평상복 드레스였다. 도시에서는 티숍이 문을 열었으며, 초기의 여성 참정권 운동을 위한 회합 장소가 되었다.

다원

차나무는 해발고도 1600m의 인도 남부 케랄라주(Kerala) 문나르(Munnar)에서도 잘 자란다.

애프터눈 티

이 철저하게 영국적인 관습은 오후에 가볍게 즐기는 간식으로 시작되었다가
푸짐한 식사로 진화하면서 전 세계적으로 팬을 확보했다.
고전적인 애프터눈 티는 이제 세계 각지 사람들의 미각에 맞게 응용되고 있다.

기원

애프터눈 티의 관습은 가스등이 영국 상류층 가정에 소개되면서 저녁 늦게 식사를 할 수 있고, 또한 유행이 된 1840년대에 시작되었다. 당시는 하루에 아침과 저녁 두 번만 식사를 하는 것이 예사였으며, 그래서 영향력 있는 귀족 베드퍼드(Bedford) 공작부인은 저녁식사 때까지 견디기 위해 오후 4시경 가벼운 간식과 함께 티를 마시기 시작했다. 시간이 지나면서 공작부인은 베드퍼드셔(Bedfordshire)의 워번(Woburn)에 있는 저택 워번애비(Woburn Abbey)의 자기 방에 친구들을 초대해 차를 마시기 시작했다. 곧 귀족 부인들을 위한 이 규방 식사는 영국뿐 아니라 영국의 식민지 전역에 걸쳐 많은 가정의 응접실에서 이루어지는 사교적인 관습으로 발전되었다.

애프터눈 티의 성행으로 인해 본차이나의 수요가 증가했고, 그 결과 전 세계적으로 자기산업이 번창했다. 북아메리카에서는 그 관습이 1950년대에 절정을 이루었고, 당시 미국의 저술가 에밀리 포스트(Emily Post)는 티를 마실 때의 적절한 예법에 대한 글을 썼다.

전통적으로 오후 늦게 마셨던 티는 이제 오후 2시에서 5시 사이에 마시며 점심과 저녁의 식사를 대신할 수 있게 되었다. 근년에 이르러 티에 대한 관심이 되살아남에 따라 전 세계의 호텔, 카페, 티숍 등에서는 단것이나 구미를 돋우는 음식들을 곁들이면서 특정한 테마의 분위기를 살린 애프터눈 티들을 선보이고 있다.

티 에티켓

애프터눈 티는 영국 문화에 깊숙이 스며들어 모든 사람이 올바른 것이 무엇인지에 대한 각자의 견해를 가지고 있을 정도이다. 활발한 논쟁을 벌이는 가운데는 스콘(scone)을 먹는 올바른 방법(얇게 썰어 먹을 것인지, 아니면

스스로 갈라질 만한 부분으로 쪼개어 먹을 것인지)이나 콘월 지방의 관습처럼 잼보다 먼저 고형 크림을 바를 것인지, 아니면 데번 지방의 관습처럼 잼을 바른 뒤 고형 크림을 바를 것인지, 또는 티에 우유를 따를 것인지(MIA, milk in After), 아니면 우유에 띠를 따를 것인지(MIF, milk in first) 등등이다.

전통적으로 애프터눈 티에는 다르질링이나 아삼 등과 같은 향미가 강렬한 홍차가 나온다. 얼 그레이 같은 '애프터눈 블렌드'나 고전적인 '시그너처 블렌드'도 인기가 높다. 티를 내놓을 때는 항상 우유 또는 레몬과 설탕을 선택하게 한다. 또한 작고 딱딱한 부분이 없는 오이, 훈제 연어, 크림치즈 등의 여러 가지 샌드위치를 내고 잼과 고형 크림을 바르는 달콤한 스콘 코스 요리가 곁들어지는 것도 관습이며, 티와 함께 과자나 케이크도 낸다.

오늘날 애프터눈 티를 내는 곳에서는 함께 제공하는 단것과 케이크나 제과 등을 보완하기 위해 티 메뉴를 더욱 다양하게 확충하는 경향에 있다. 보통 일본이나 중국산 녹차, 우롱차, 특별히 블렌디드 티, 과일이나 약초의 허브티 등 광범위하게 전 세계의 티를 주문할 수 있다. 또한 샴페인 글라스로 애프터눈 티를 시작하는 경우도 아주 흔하다. 애프터눈 티를 즐길 때 내는 음식은 어디에서 살아가는지에 따라 매우 다양하다. 마카롱, 컵케이크, 케이크 등에 덧붙여 딤섬, 싱싱한 수산물, 오르되브르까지도 즐길 수 있다.

밀크 인 퍼스트(MIF, milk in first)

우유를 찻잔에 먼저 넣는 것에는 여러 가지의 이점들이 있다. 하나의 예로는 뜨거운 티를 차가운 우유에 부으면 온도가 낮아져 섬세한 본차이나 찻잔이 깨지는 것을 막아 준다는 것이었다. 그러나 주인이 손님에게 티를 내고, 그 손님이 그들의 취향에 맞춰 우유나 설탕을 추가해 먹는 것이 훨씬 더 실용적이고 예의가 있는 것처럼 느껴지고도 한다.

애프터눈 티는 영국 티 문화의 전형적인 사례처럼 여겨지지만, 그러나 실은 일상적으로 즐기는 것이라기보다 상황에 따라 즐기거나 특별한 축하 행사로 즐기는 것이 보통이다.

중국

고산 지대에서 차나무가 많이 재배되는 중국에서는 수천 년 전부터
티를 발견해 마셔 왔다. 오늘날 우리가 차나무의 재배에 대해 알고 있는
모든 내용은 중국인들로부터 전해 배운 것이다.

아시아

중국은 세계 최대의 티 생산국이지만 그 대부분의 티들은 국내에서 소비되고 수출되는 양은
비교적 적은 편이다. 이 때문에 서양의 모험적인 티 유통업자들은 중국의 차나무 재배자들
과 밀접한 관계를 맺어 고객들에게 공급할 고급 티를 확보하려고 한다.

중국은 세계의 그 어느 곳보다 가장 다양한 종류의 티를 생산하고 있다. 4000년 이상 동
안이나 티를 만들어 온 경험 때문인지 중국의 티 생산자들은 차나무의 재배와 티의 생산에
관한 지식이 매우 풍부하다. 찻잎은 지금도 여전히 대부분 손으로 따고, 티는 그러한 찻잎으
로 정통적인 방식(21쪽 참조)을 통해 생산된다. 티 장인들은 가끔 자신만의 독특한 유형을 만
들어 내기 위해 일률적으로 정해진 생산 과정에서 일부 탈피하기도 하는데, 그러한 모습들
은 녹차의 소량 생산에서 많이 엿보인다.

비록 중국의 수많은 생산자들이 그들 지역의 특정한 티에만 관계하고 있지만, 다른 티들
도 생산하기 위해 실험에 나선 사람들도 적지 않다. 예를 들면, 통상 녹차를 생산하는 차나무
의 품종으로부터 홍차를 생산하거나, 맛차를 생산하는 일본의 야부키타(藪北)(Yabukita) 품종
을 재배하기도 한다.

안길백차(安吉白茶/Anji Bai Cha)

중국의 티 생산 현황

세계 티 생산량에서 점유율 : **36.8%**	주요 티 종류 : **녹차,** 우롱차, 백차, 홍차, 보이차, 황차
해발고도 : **중간** 내지 **높음**	
다른 티 산지 : **안후이,** 광둥, 후베이	수확기 : **3월~5월**
티 생산 순위 : 세계 1위	

안길백차는 중국 저장성
안지현에서 생산되는
녹차이다. 녹차임에도
'백차'라는 이름이 붙은 것은
찻잎의 색상이 하얀 잔털로
매우 희기 때문이다.

쓰촨성(四川省)
쓰촨성의 멍딩산(蒙頂山)에 있는 최초의 차밭에서는 기원전 53년에 차나무가 재배되었다. 당나라 시대인 기원후 907년부터 녹차인 몽정감로(蒙頂甘露)(Meng Ding Gan Lu)는 황제에게 바치는 티였고, 오늘날에도 봄에 첫 수확해 만든 상품은 빨리 팔린다. 이 지역에서 생산되는 다른 티에는 녹차로는 죽엽청(竹葉青)(Zhu Ye Qing)과 황차인 몽정황아가 있다.

쓰촨성 산지의 녹차인 **죽엽청**의 찻잎들은 대나무의 녹색 잎과 비슷해 보인다.

저장성(浙江省)
이 풍요로운 해안 지역에서 생산되는 티 중에서 가장 유명한 것은 용정(龍井)(Long Jing)이다. 이 티는 그 이름이 붙은 마을에서 아주 작은 규모로 생산된다. 또 하나의 유명한 차 산지로는 안지현(安吉縣)이 있으며, 그곳에서는 녹차인 안길백차가 생산된다.

푸젠성(福建省)
훈연향으로 유명한 홍차, 정산소종의 본고장인 푸젠성에서는 홍차 금준미(金駿眉)(Jin Jun Mei)와 우이산(武夷山)의 우롱차에서부터 북쪽에 있는 푸딩(福鼎) 지역의 백차에 이르기까지 다양한 종류의 티들이 생산된다.

후난성(湖南省)
둥팅호(洞庭湖) 안의 작은 섬에서 재배되는 황차인 군산은침으로 유명한 후난성에서는 또 위산모첨(偽山毛尖)(Wei Shan Mao Jian)이라는 감칠맛과 부드러운 훈연향으로 유명한 녹차도 생산된다.

윈난성(雲南省)
2000년대에 들어와 윈난성에서 생산되는 티에 대한 수요가 증가했다. 이것은 주로 그 지방에서 생산되는 보이차와 전홍금침(滇紅金針)(Golden Needle)의 홍차 때문이었다. 서양의 수집가들은 희귀한 보이병차(普洱餅茶)(pu'er bingcha) 몇 그램을 구입하는 데 수백 달러를 지불하기도 한다.

기호 설명

티 주요 산지

재배 지역

중국의 티 문화

티는 수천 년 동안 중국인의 생활에서 높이 평가되어 왔다. 여러 세기에 걸쳐 티를 둘러싼 문화와 관습은 예술의 형태로까지 진화되었다. 티는 중국인에게 강장제였을 뿐 아니라 창조적인 영감을 불러일으키는 음료이기도 했다.

아주 먼 옛날

2000년 이상 동안 티는 오직 중국에서만 소비되었다. 그 뒤 실크로드(비단길)와 차마고도(이들 길을 통해 거래된 주요 상품을 따서 이름이 붙여졌다)를 따라 교역이 이루어졌고, 중국 국경에 가까운 지역들에 티가 소개되었다. 비록 티를 마시는 풍습이 한나라 시대(기원전 206년~기원후 220년) 이래로 중국인의 생활 가운데 일부가 되었지만 공부차(工夫茶)(Gongfu Cha)(78쪽~83쪽 참조)와 같은 정교한 다도를 생활화한 시기는 당나라(618년~907년)와 송나라(960년~1279년)의 시대부터였다. 당나라 시대의 티 전문가인 육우는 『다경(茶經)』이라는 책을 썼다. 차나무를 심고 수확하고 티를 준비하는 데 대한 이 상세한 지침서는 티의 역사에서 획기적인 산물이었으며, 중국인의 생활에서 문화적인 우위를 얻게 되는 계기가 되었다.

찻집

당나라 시대부터 모든 계층의 사람들이 다과를 판매하는 '찻집'에 모여 최근의 사정에 대해 의논하고 사교적인 생활을 즐겼다. 그들은 때때로 물가에 자리를 잡고 눈앞에서 헤엄치는 잉어를 바라보고, 또는 흐르는 물소리를 듣는 운치까지도 즐겼다.

찻집은 미술품이 전시되고 시, 음악, 서예를 즐기며, 심지어는 연극까지 공연되어 사교 생활의 무대가 되었다. 청나라 시대(1644년~1912년)에는 차나무를 재배하는 언덕에서의 생활을 묘사하는 가극이 인기를 끌어 정기적으로 공연되었다. 이들 가운데 하나인 장시성(江西省)의 가극인 '감남채다희(贛南采茶戲)'(Gannan Tea Picking Opera)는 300년 이상이나 공연되고 있으며, 공연 중에는 차밭에서 찻잎을 따면서 부르는 노래들이 소개된다.

전차(磚茶)
이 사진처럼 찻잎을 벽돌처럼 압축시켜 향후 교역 과정에서 생길 수 있는 물리적인 손상도 충분히 견딜 수 있도록 했다.

죽통차(竹筒茶)
고대 중국에서는 찻잎을 죽통 속에 넣어 교역로의 오랜 여행 기간 티를 보존시키는 경우가 많았다.

공차(貢茶)

고대 중국에서는 모든 황제들이 최고의 차밭에서 처음 수확되는 찻잎을 조공으로 받았다. 이 공차는 황제의 인정을 받는 것이기 때문에 그 티의 판매도 크게 늘어나 생산자들에게는 매우 큰 이익이 되었다.

공차를 생산하는 전통이 발전해 오늘날 중국에서는 해마다 10종의 유명한 티를 선정하고 있다. 그 목록은 해가 바뀌어도 거의 대부분이 녹차가 차지하고, 그 외에 우롱차 몇 종, 홍차 1종이 포함되고 있다.

현대

1949년 공산당이 집권하면서 중국은 외국과의 무역을 단절하고 외국인 관광객도 받지 않으면서 외부 세계로부터 고립되었다. 이는 의도한 것은 아니지만 결과적으로 전통적인 티 레시피와 가공 과정을 보존하는 데 도움이 되었다. 그러나 1960년대와 1970년대에 문화 대혁명이 전국을 휩쓸면서 비공산주의 국가의 영향을 '숙청'하려는 시도로 많은 문화재와 사적지가 파손되었다. 이것이 티 문화에 특별히 얼마나 큰 영향을 미쳤는지는 짐작하기 어렵지만, 중국은 최근 자국의 풍부한 역사 가운데서도 티를 마시는 일에 관심을 가지면서 티가 다시 유행하고 있다.

장식용 부채
남녀 모두 티를 마시는 동안에는 더위를 물리치기 위해 아름답게 장식된 부채를 사용했다.

중국의 티 르네상스

티는 중국에서 여전히 중요한 생활의 양식이다. 택시 기사들은 자동차의 컵홀더에 녹차 병을 비치해 두고 있으며, 여학생들에게 티를 내는 법을 가르쳐 전국 곳곳에서 번성하는 찻집에 취직할 수 있도록 하는 전문 학교들도 있다. 중국의 티 생산자들은 서양인들의 입맛에 맞춰 새로운 홍차를 개발하고 있다. 2006년에는 우이산에서 생산되는 정산소종에 변형을 가한 금준미가 출시되어 큰 인기를 끌었다.

티 관광도 활기를 띠면서 수많은 사람들이 푸젠성의 우이산 절벽에 조성된 차밭이나 저장성 항저우의 시후호(西湖) 지역을 방문하거나 윈난성 리장(麗江)의 티를 주제로 한 부티크 호텔이나 레스토랑을 찾기도 한다. 홍콩도 밀크티(176쪽 레시피 참조)로 유명한 탓인지 수많은 사람들이 플래그스태프하우스(Flagstaff House) 등을 방문한다. 한때 영국군 사령관의 공관이었던 이 건물에는 현재 세계에서 가장 오래전부터 전해지는 찻주전자 등이 전시된 티 용품 박물관이 자리를 잡고 있다.

보이병차(普洱餅茶)
보이병차는 떡 모양으로 압축되어 라이스페이퍼로 포장된다.

불교 승려들이 최초로 차나무를 재배했고, 또 그 지식을 전파하였다.

중국의 '공부차(工夫茶)'

완성된 티만큼 그것을 우리는 과정도 중시하는 중국의
다도 공부차는 한 잔의 티를 준비하는 데 요구되는 시간과 노력에
경의를 표하는 것이다. 장식적인 자기로부터 점토 제품에
이르기까지 다양한 티 용품이 사용되며, 각각 고유의 기능이 있다.

'공부(工夫)(Gongfu)'는 티를 준비하는 중국의 전통
적인 방식을 가리킨다. '공부(工夫)'는 본래 '시간'이
나 '수고'를 뜻한다. 이 다도에는 숙련된 기술이 필
요하며, 대체로 여성이 주관한다. 그들의 세심한 손
놀림은 마치 안무라도 추는 듯 찻잎이 우려지는 시
간 등 그 뒤의 모든 절차에 한시의 오차도 없다. 공
부차에는 고급 티라면 어떤 것이나 사용할 수 있지
만, 주로 약하게 산화된 우롱차인 철관음(鐵觀音)
(Tie Guan Yin, Iron Goddess of Mercy)을 사용한다.

공부차에는 지역에 따른 두 가지의 방식이 있
다. 하나는 차호에서 곧바로 찻잔에 티를 따르는 광
둥성 차오산(潮汕)에서 유래하는 약간 수수한 방식
이다. 또 다른 하나는 준비된 티를 일단 차해(茶海)
또는 공도배(公道杯)에 부어 농도를 고르게 한 뒤
각각의 찻잔에 균등하게 따르는 푸젠성 우이산에
서 유래한 방식이다.

이 공부차에서 티를 준비하는 데는 보통 이성
(宜興) 자사호(紫沙壺)가 가장 널리 사용된다. 붉은
점토인 자사로써 유약을 바르지 않고 만들어지기
때문에 티의 향을 흡수한다. 따라서 자사호는 각 티
의 종류에 특화되어 있다. 차해나 공도배는 간혹 자
기와 유리를 조합시킨 법랑이 사용되기도 한다.

이싱(宜興) 자사호(紫沙壺)
장쑤성(江蘇省) 이싱(宜興) 지역에서 산출되는
붉은색 점토인 자사(紫沙)로써 유약을 칠하지
않고 만드는 이 차호(茶壺)는 뜨거운 물로 씻어
예열한 뒤 찻잎을 넣는다.

차칙(茶則)
차통 또는 차엽관에서 찻잎을
꺼낼 때 사용된다.

티 스트레이너
티를 찻잔에
붓는 동안 찻잎을
걸러 내는 데
사용된다.

문향배(問香杯)
이 작은 컵은 티를
마시기 전에 그 향을
맡아 보는 데
사용된다.

차총(茶寵)
동물이나 신화 상의 괴물 등을 묘사한
이 작은 조각상은 붉은 점토인
자사(紫砂)로 만든다. 그 위로 뜨거운
물을 부으면 색깔이 변한다. 다도에
행운을 가져다주는 부적과 같은 것이다.

품명배(品茗杯)
문향배에 든 티는 품명배에 부은 뒤 손님에게 낸다.

퇴수기(退水器)
찻잔에서 버려지는 물 등을
모으는 데 사용된다.

차협(茶挾)
문향배나 품명배를 데우거나
씻을 때 뜨거워진
이것들을 집거나
이동시키는 데
사용한다.

차침(茶針)
찻주전자 주둥이에 낀 찻잎을
빼내는 데 사용한다.

공도배(公導杯)/차해(茶海)
티가 다 우려지면 농도를 고르게 하기
위해 '공도배' 또는 '차해'라고 하는
다기에 붓는다.

차시(茶匙)
찻잎을 차호에 넣기 위해
사용한다.

차루(茶漏)
건조 찻잎이 밖으로 새지 않고
차호 속으로 잘 들어가게 한다.

차반(茶盤)
티를 우릴 때 사용하는 나무 또는
대나무로 만든 장식용 판. 위에는
물이 빠지는 홈이 있고,
아래에는 물받이가 있다.

배탁(杯托)
문향배와 품명배를
손님에게 내놓을 때
사용하는 쟁반이다.

다건(茶巾)/차포(茶布)
다도가 진행되는 동안 다기를
닦거나 또는 그 위에 다기를
올려놓는 데 사용한다.

공부차의 과정

다도 공부차의 푸젠성 방식에서는
주인과 손님이 모두 복잡한 동작을 진행하게 된다.
티를 준비하는 이 의례에서는 티를 똑같이
배분하기 위해 '차해' 또는 '공도배'라는 부르는
다기를 사용하는 것이 특징이다.

1 **섭씨 85도로 가열된 물을** 주인이 이싱 자사호(차호) 안팎으로 천천히 빙글빙글 돌리면서 부어 차호를 예열한다. 그런 다음 차호의 물을 공도배에 붓는다.

2 **공도배의 물을** 문향배와 품명배에 부어 예열한다. 그리고 차협으로 그것들을 집어서 물을 비운다.

3 **차칙을 사용해 찻잎을 계량한 뒤** 차루를 차호에 끼우고 찻잎을 넣는다. 이때 차호를 가볍게 흔들어 찻잎이 내부에 고르게 흩어지도록 한다.

4 **뜨거운 물을 높은 곳에서 부어** 차호에서 물이 흘러넘치도록 한다. 그런 다음 뚜껑을 둥글게 미끄러지도록 하면서 차호 위에 걸쳐 놓는다(작은 사진).

6 **뭉친 찻잎이 펴지기 시작한다.** 세차용으로 우린 뒤 다시 처음 우리기 위해 뜨거운 물을 차호 안팎으로 흘러넘치게 붓는다. 이전과 마찬가지로 뚜껑을 닫고 그 위로 뜨거운 물을 다시 부어 차호를 데운다. 그리고 티가 다 우려지도록 10초 이상 둔다.

5 **차호의 티를 공도배에 부은 뒤** 문향배와 품명배에 부어 예열한다. 그런 다음에 행운을 기원하기 위해 차총 위에도 붓는다(작은 사진). 이렇게 처음 우린 티는 세차(洗茶) 목적으로 사용하는데, 버리기 전까지 이들 용기를 예열하는 데 사용한다.

7 **차협을 사용해** 문향배와 품명배에 들어 있는 세차용 티를 퇴수기에 붓는다.

8 **차호의 아랫부분을** 부드러운 천으로 닦고 티 스트레이너를 받친 공도배에 티를 따른다.

9 **그 뒤 공도배를 앞뒤로 움직이면서** 문향배에 티가 흘러넘치지 않을 정도로 가득 따른다.

10 **주인은 품명배를 문향배 위에 뒤집은 자세로** 놓고 조심스럽게 홱 거꾸로 뒤집어 문향배의 티를 한순간에 품명배로 옮긴다.

11 **문향배와 품명배를 쥐고 있는 채로** 배탁 위에 놓는다. 그런 다음 문향배를 품명배에서 분리해 들어 올린다.

12 **손님에게 품명배와 문향배를 배탁에 놓은 채로** 내놓는다. 그런 다음 주인은 두 번째 티 우리기에 나선다. 이때 우리는 시간은 첫 번째의 경우보다 5초를 더한다.

손님의 역할
손님은 품명배에 든 티를 마시기에 앞서 문향배를 들고 티의 향을 코로 맡는다. 그리고 품명배에 든 티를 입안에 머금은 뒤 마시면서 그 향미에 대해 언급한다.

인도

전통적으로 인도는 몰트 향이 강한 아삼 티와 고품질의 다르질링 티로 유명하다. 지금 인도에서는 홍차인 닐기리 프로스트(Nilgiri Frost)와 녹차인 다르질링 그린(Darjeeling Green)과 같이 서로 다른 종류의 티 생산을 시도하고 있다.

인도에서 생산되는 티는 전 세계 티 생산량의 약 22%를 차지하고 있다. 인도에서 생산되는 티는 대부분 국내에서 소비되고, 나머지 20% 정도가 전 세계에 수출된다. 1900년대 초 인도산 티는 그 대부분이 서양으로 수출되었고, 인도 내에서는 주로 상류층과 중산층의 사람들이 소비할 수 있었다. 인도의 티가 내수 시장에서 더욱더 광범위하게 소비될 수 있게 된 것은 1950년대에 CTC 방식(21쪽 참조)이 출현하고 나서의 일이다.

19세기 영국의 식민지 인도에서 차나무의 재배가 본격적으로 시작된 것은 영국인들이 자신들이 좋아하는 음료인 홍차의 공급지로 삼기 위해서였다. 동인도회사에서는 중국에서 차나무와 그 씨앗을 밀반출해 인도 아삼의 차나무와 이종 교배시켰다. 특히 중국종의 차나무는 서늘한 기후를 보이는 히말라야 산자락의 다르질링에서 잘 자랐다.

인도는 다르질링 티나 아삼 티로 세계적으로 유명하지만, 오늘날에는 닐기리 프로스트와 같이 비교적 덜 알려진 티를 더 많이 생산하려고 노력하고 있다. 이 닐기리 프로스트는 기온이 갑자기 영하로 떨어지는 1월 말이나 2월의 새벽에 차나무에서 찻잎을 따서 티로 가공하기 때문에 향이 매우 풍부하다. 다르질링의 다원에서는 홍차 외에도 신선하고 향긋한 향미를 가진 백차나 녹차도 매우 다양하게 생산하고 있다.

문나르의 다원
케랄라주의 작은 산간 마을 문나르 주위에는 50개 이상의 조그만 다원들이 있다. 그 면적은 약 3000ha에 이른다.

인도의 티 생산 현황

세계 티 생산량에서 점유율 : **22.3%**	유명한 사항 : 대영제국이 처음으로 **차나무를 재배한 국가**
주요 티 종류 : **홍차**, 녹차, 백차	
수확기 : 북부는 **5월~10월**, 남부는 **연중**	해발고도 : **중간** 내지 **높음**

인도는
세계 제2의
티 생산국이다.

남아시아

히마찰프라데슈주 캉그라
캉그라 지방에서는 주로 홍차가
생산되지만, 전통적인 중국식
가공 방법을 사용해 소량의 녹차도
생산된다.

시킴주
다르질링의 북부에 위치한 시킴주의
테미 다원(Temi Estate)에는
1960년대에 다르질링의 품종이
이식되었다. 이 지방에서 생산되는
티에서는 원기를 북돋우는 무스카텔
포도의 향미가 나면서 떫은맛이 적다.

잠무카슈미르주

암리차르

캉그라 히마찰프라데슈주

중국

펀자브주 우타라칸드주

히말라야 산맥

네팔

시킴
다르질링

부탄

아루나찰프라데슈주

브라마푸트라강

아삼주

나갈란드주

하리아나주
델리 뉴델리

갠지스강

라자스탄주

자이푸르

러크나우

갠지스강

메갈라야주

마니푸르주

타르 사막

파키스탄

우타르프라데슈주

자르칸드주

트리푸라주

미조람주

미얀마

구자라트주

마디야프라데슈주

나르마다강

인도

자르칸드주

서벵골주

콜카타(캘커타)

벵골만

아마다바드

차티스가르주

나그푸르

오디샤주

뭄바이(봄베이)

마하라슈트라주

텔랑가나주

하이데라바드

닐기리
차나무는 타밀나두주의
서고트산맥 닐기리힐의 매우 높은
고지에서 자란다. 그곳은 기온이
서늘하고 몬순 기후를 보이기 때문에
차나무가 무성하게 자란다. 이 지방은
홍차인 닐기리 프로스트뿐 아니라
일부 녹차와 백차도 생산된다.

아라비아해

카르나타카주

안드라
프라데슈주

고아주

인도양

벵갈루루
(방갈로르)

첸나이
(마드라스)

닐기리
케랄라주 타밀나두주
문나르

케랄라주 문나르
인도 남서부 케랄라주의 해발고도가
높은 곳에 위치한 문나르는 식민지 시절에
영국인들의 여름 휴양지였다.
1870년대부터 이미 다원이 조성되었는데,
이곳에서 생산되는 티는 닐기리 산지의
티와 비슷한 특징을 보인다.

스리랑카

기호 설명

🍂 티 주요 산지

▨ 재배 지역

**타밀나두주
서고트산맥이 산지인
닐기리 프로스트
홍차**는 향미가 매우
다양하면서 떫은맛의
타닌 성분도 적다.

아삼

인도의 아삼(Assam) 지방은 비옥한 토양과 몬순 때의 많은 강우량 덕분에 세계에서도 생산성이 가장 높은 차나무 재배지이다. 깊고 선명한 향미가 특징인 아삼 티는 인도에서 생산되는 티의 약 50%를 차지한다.

인도 북동부의 브라마푸트라강 계곡, 홍수가 나면 침수하는 충적토 저지대의 평원에 자리를 잡은 아삼 지역은 차나무의 주요 재배지로서 대부분 CTC 방식(21쪽 참조)으로 티백을 생산하고 있다.

비옥한 토양은 우기(5월~10월)에 강물의 범람으로 형성되었다. 그곳에서 찻잎을 따는 시기는 고온다습한 계절인 4월에서 11월까지이다. 해마다 이맘때가 되면 기온은 38도에 이른다. 이 조건은 온실이나 테라리엄에도 조성된다. 한 해의 첫 수확 상품인 퍼스트 플러시의 아삼 티는 4월에 찻잎을 수확하여 생산되고, 두 번째 수확 상품인 세컨드 플러시의 아삼 티는 5월에서 6월 사이에 따서 주로 이스트프리지안(East Frisian)이나 애프터눈 블렌드 등의 홍차 블렌드에 사용된다. 일부 티 생산자들은 티를 보다 더 높은 가격으로 수출하기 위해 홀 리프 등급의 찻잎으로 오서독스 방식(21쪽 참조)을 통해 고품질의 티를 생산하고 있다. 따라서 오서독스 방식의 아삼 티는 '아삼(Assam)'이라는 지명이 붙어 지리적 표시 제도(GI, Geographical Identification)를 통해 보호되고 있다.

아삼 지방은 인도의 다른 지방과는 다른 시간—'바간 타임(Bagan Time)' 또는 '티 가든 타임(Tea Garden Time)'—을 사용하며, 시계가 인도 표준시보다 1시간 빠르게 설정돼 농부들이 동이 트기 전부터 작업에 나설 수 있다.

브라마푸트라강 계곡

브라마푸트라강은 아삼주를 가로질러 흐른다. 이 강의 계곡은 차나무를 재배하는 4개 구역, 즉 상부 아삼, 노스뱅크, 중부 아삼, 하부 아삼 등으로 나뉜다.

아삼의 티 생산 현황

세계 티 생산량에서 점유율 :	주요 티 종류 :
13%	**CTC 홍차,** 오서독스 홍차, 녹차
수확기 : 4월~11월	

유명한 사항 :	해발고도 :
세계에서 가장 **생산성이 높은 재배지**	**낮음**

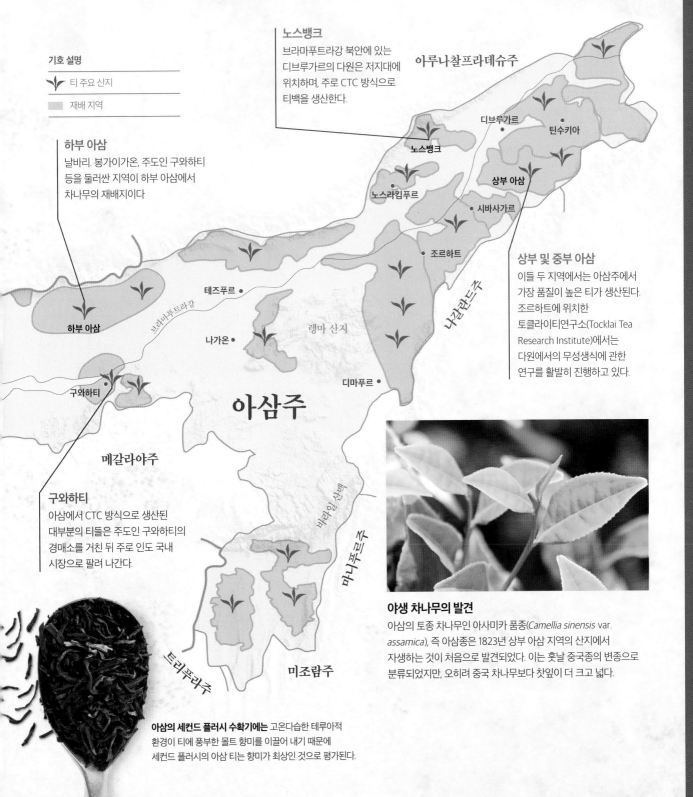

노스뱅크
브라마푸트라강 북안에 있는
디브루가르의 다원은 저지대에
위치하며, 주로 CTC 방식으로
티백을 생산한다.

아루나찰프라데슈주

디브루가르

틴수키아

노스뱅크

상부 아삼

시바사가르

노스라킴푸르

조르하트

하부 아삼
날바리, 봉가이가온, 주도인 구와하티
등을 둘러싼 지역이 하부 아삼에서
차나무의 재배지이다

기호 설명

티 주요 산지

재배 지역

테즈푸르

렝마 산지

나가온

브라마푸트라강

하부 아삼

구와하티

디마푸르

아삼주

나갈랜드주

상부 및 중부 아삼
이들 두 지역에서는 아삼주에서
가장 품질이 높은 티가 생산된다.
조르하트에 위치한
토클라이티연구소(Tocklai Tea
Research Institute)에서는
다원에서의 무성생식에 관한
연구를 활발히 진행하고 있다.

메갈라야주

구와하티
아삼에서 CTC 방식으로 생산된
대부분의 티들은 주도인 구와하티의
경매소를 거친 뒤 주로 인도 국내
시장으로 팔려 나간다.

마니푸르주

바라일 산지

트리푸라주

미조람주

야생 차나무의 발견
아삼의 토종 차나무인 아사미카 품종(*Camellia sinensis* var.
assamica), 즉 아삼종은 1823년 상부 아삼 지역의 산지에서
자생하는 것이 처음으로 발견되었다. 이는 훗날 중국종의 변종으로
분류되었지만, 오히려 중국 차나무보다 찻잎이 더 크고 넓다.

아삼의 세컨드 플러시 수확기에는 고온다습한 테루아적
환경이 티에 풍부한 몰트 향미를 이끌어 내기 때문에
세컨드 플러시의 아삼 티는 향미가 최상인 것으로 평가된다.

다르질링

인도의 다르질링(Darjeeling) 지역은 면적이 181km²밖에 안 되지만,
세계에서 가장 유명한 티 브랜드 중 하나를 생산하고 있다.
서늘한 기온과 높은 해발고도로 인해 찻잎의 품질이 매우 **훌륭**하여
세계 최고 향미의 다르질링 티가 생산되는 것이다.

인도 북부의 서벵골주에 위치한 다르질링은 히말라야산맥의 가장자리에 자리를 잡고 있다.
차나무의 재배지로 잘 알려진 이 지역에서 지리적 표시제로 보호되는 다원 87개 중 일부는
그 역사가 19세기 중엽으로까지 거슬러 올라간다. 다르질링의 티 생산량은 인도 티 총생산
량의 1.13%에 불과하지만, 지리적 표시제도로 보호를 받는 것은 그곳에서 생산되는 티의 높
은 품질 때문이다. 인도 정부에서 지리적 표시제도를 점차 강화하고는 있지만 통제가 무척
이나 어려워 다르질링 이외의 지역에서 난 히말라야산 티를 혼합한 가짜 다르질링 티도 시
장에서 유통되고 있다. 인도 티위원회에서는 티 구매자들이 다르질링 특산 티의 진위를 확
인할 수 있도록 특허 상표를 개발했다.

다르질링 지역에서는 중국종과 아삼종의 차나무가 모두 재배되고 있다. 해발고도
1000m~2100m의 높은 고도가 최종 상품인 티의 향미에 큰 영향을 준다. 찻잎은 서늘한 운
무에 종일 휩싸여 있는 경우가 많아 성장이 매우 더디다. 차나무는 자라는 동안 낮의 더위와
밤의 냉기에 훌륭하게 반응하는데, 이러한 조건이 티의 깊은 향미를 생성시키는 데 큰 역할
을 하는 것이다.

찻잎 수확
다르질링 지역에서는 여성 인부들이 3월 중순의
퍼스트 플러시를 시작으로 세 차례의 수확기에
걸쳐 찻잎을 손으로 직접 딴다.

다르질링의 티 생산 현황

세계 티
생산량에서
점유율 :

0.36%

주요 티 종류 :
홍차, 우롱차, 녹차, 백차

유명한 사항 :
지리적 표시제도와
다르질링 특허 상표

수확기 :
퍼스트 플러시
3월~4월

세컨드 플러시
5월~6월

오텀널 플러시
10월~11월

해발고도 :
높음

세컨드 플러시
다르질링 티에는
무스카텔 포도의
특징적인 상큼하고
향긋한 향미가 담겨
있다.

인도

서다르질링 계곡
서벵골주에서 가장 오래된 몇몇 다원이 있는 서다르질링 계곡은 해발고도 2100m에 위치한다. 이곳의 북부에 위치한 해피밸리 다원(Happy Valley Tea Estate, 1854년)은 다르질링에서도 가장 역사가 깊은 다원이다.

티스타 계곡
티스타강(Teesta river)이 히말라야산맥에서 이곳 계곡으로 흐른다. 이 계곡은 다양한 생태계가 풍부하게 펼쳐지는 곳이다. 사마베옹(Samabeong), 티스타 밸리 가든(Teesta Valley Garden), 다원 근처의 오래된 방갈로에 리조트 호텔이 있는 글렌번(Glenburn) 등의 다원도 유명하다.

시킴주

동다르질링 계곡

비잔바리
렐링
서다르질링 계곡
다르질링
룽봉 계곡
굼

티스타

티스타 계곡
칼림퐁

다르질링

동다르질링 계곡
골든 밸리(Golden Valley)라고도 하는 이 지역의 차나무 재배지는 히말라야산맥에서 불어오는 차가운 바람의 득을 톡톡히 보고 있다. 이 지역에서 재배되는 차나무의 대부분은 중국종이다.

네팔

북쿠르세옹
미리크
미리크 계곡
판카바리
남쿠르세옹
마하난다강
발라스강

찰파이구리

미리크 계곡
이 계곡은 네팔과의 접경을 이루고 있다. 이곳 재배지의 비탈길에서는 히말라야산맥의 산들이 선명하게 보인다. 미리크 계곡에는 투르보(Thurbo)와 시요크(Seeyok)와 같은 유명한 다원들이 있다.

실리구리
다르질링의 가장자리에 자리를 잡은 실리구리는 여러 티 업체들, 중개 사무소, 주요 티 경매장 등이 소재한 티 교역의 중심지이다. 또한 아삼주와 국경을 맞대고 있는 여러 나라와 연결되는 교통의 중심지이기도 하다.

실리구리
우타르바그도그라

비단나가르
마하난다강

북디나지푸르

퍼스트 플러시 다르질링
건조 차의 색상은 녹색 기운이 감돌면서 따뜻한 느낌의 갈색이다.

플러시(flush)
찻잎은 한 해에 세 번 수확된다. 각각의 수확기, 즉 플러시(flush) 사이에는 휴면기가 있다. 차나무에 찻잎이 돋아나는 각각의 플러시에는 서로 다른 향미의 특징이 있다. 퍼스트 플러시가 가장 톡 쏘는 듯한 맛이 나고, 세컨드 플러시에는 미묘하고도 복합적인 향미가 나고, 오텀널 플러시에는 보다 깊은 향미와 더 강한 몰트 향미가 난다.

기호 설명

티 주요 산지

재배 지역

인도의 티 문화

영국인은 1835년 인도에서 처음으로 차나무를 재배하기 시작했다. 그 뒤 티는 인도의 문화와 경제에서 불가분한 것이 되었으며, 각지의 관습이나 전통은 널리 마시는 인도의 차이(chai)를 중심으로 출현했다.

차나무의 재배

18세기에 이르러 티가 영국에서 인기 있는 음료가 되자 영국인들의 수요 증가에 대응하고 중국의 티 공급 독점을 깨뜨리기 위해 영국의 동인도회사에서는 중국으로부터 차나무의 씨를 밀반입하고 숙련된 차나무의 재배자를 데리고 와서 인도 북부에 다원을 조성했다. 다르질링과 아삼에서 새로 재배된 차나무에서 수확이 이루어져 인도가 영국과 영국의 다른 식민지에 티를 공급하기 시작한 것은 19세기 중반부터였다.

영국의 등급 제도

영국인들은 그들이 판매하는 티에 좋은 값을 받기 위해 정통적인 찻잎의 모습에 근거해 홍차 등급 제도를 만들었다. 거기에는 부서진 '브로큰(broken)' 등급의 찻잎보다 부서지지 않고 흠집이 없고 온전한 모양의 '홀 리프(whole leaf)' 등급을 최상으로 쳤다. 이 제도는 오늘날에도 인도, 스리랑카, 케냐 등지에서도 고스란히 적용되고 있다. 찻잎은 가공되는 동안, 특히 건조된 뒤 아주 파삭파삭해지기 때문에 다양한 크기로 잘게 부서지는 것이 예사이다. 일단 찻잎을 분류해 등급을 매기고 나면 최종적으로는 '더스트(dust)' 등급이나 '패닝(fanning)' 등급만 남는다. 이들은 가장 낮은 등급으로 분류되지만, 최상급의 티에서 나온 패닝 등급의 경우에는 인기가 높은 홍차 티백 블렌드의 상품을 만드는 데 사용할 수 있다.

영국의 홍차 등급 제도는 찻잎의 외관과 크기에만 근거하며, 우려냈을 때의 맛이나 향은 반영하지 않는다. 몇몇 등급에는 '플라워리(flowery)'라는 표기 있는데, 이는 티에 작은 새싹이 있음을 나타낸다. '골든(golden)'이나 '오렌지(orange)'라고 표시된 등급은 황금색의 새싹, 즉 '골든 팁스(golden tips)'가 포함되어 있거나 우린 찻빛이 그렇다는 것을 나타낸다.

홀 리프 등급

SFTGFOP	Special Fine Tippy Golden Flowery Orange Pekoe (smallest whole leaf)
FTGFOP	Fine Tippy Golden Flowery Orange Pekoe
TGFOP	Tippy Golden Flowery Orange Pekoe
GFOP	Golden Flowery Orange Pekoe
FOP	Flowery Orange Pekoe
FP	Flowery Pekoe
OP	Orange Pekoe

브로큰 등급

GFBOP	Golden Flowery Broken Orange Pekoe
GBOP	Golden Broken Orange Pekoe
FBOP	Flowery Broken Orange Pekoe
BOP1	Broken Orange Pekoe One
BOP	Broken Orange Pekoe
BPS	Broken Pekoe Souchong

20세기 초 인도에서 생산된 티의 대부분은 홍차였다.

차이(chai)

차나무의 재배는 1850년대에 시작됐지만, 우유와 설탕을 넣은 티, 즉 차이가 인기를 끌게 된 것은 19세기 말 영국의 대농장주들이 그것을 대중에게 소개한 뒤의 일이었다. 인도에서 차이를 만들 때 전통적으로 사용하는 '물소 젖(buffalo milk)'의 풍부한 크림감이 인도 티, 특히 아삼 티의 강렬한 맛을 보완해 준다. 차이에는 비록 물소 젖의 높은 유지방이 더 선호되지만, 어떤 종류의 우유라도 사용할 수 있다.

향기가 짙은 향신료 '마살라(masala)'는 인도 요리에서 항상 중요한 재료였다. 인도인은 오래전부터 마살라를 넣은 뜨거운 음료를 치유 목적으로 마셔 왔다. 19세기 후반에 이 향신료가 우유를 넣어 달콤해진 티와 접목되었는데, 그 맛이 풍부하고 매콤한 티가 바로 우리가 오늘날 잘 알고 있는 마살라 차이(Masala Chai)(레시피는 182쪽-183쪽 참조)이다.

차이 브레이크
인도의 길거리에서 차이를 판매하는 가판대 수만 보더라도 차이의 인기가 높다는 것은 확실하다. 사무직 종사자와 노동자가 모두 똑같이 가판대에서 티를 마시는 모습을 인도에서는 손쉽게 볼 수 있다.

쿨라르(kullarh)

인도 시장에서 티를 파는 행상인, 즉 차이 월라(chai wallah)들은 아무런 준비가 없더라도 향신료, 저급 홍차, 우유, 설탕 등만 있으면 마살라 차이를 순식간에 만든다. 차이 월라는 이렇게 만든 차이를 높이 치들어 '쿨라르(kullarh)'라는 점토제의 작은 컵 속으로 따라 낸다. 이 쿨라르는 쉽게 분해되어 위생적이면서도 친환경적이다. 따라서 사람들은 차이를 마신 뒤 쿨라르를 길가의 바닥에 내던져 깨뜨리는 경우가 많다.

향신료가 가미된 차이
맛과 향이 풍부한 마살라 차이의 자극성은 정향, 시나몬, 카르다몸, 생강 등의 다양한 향신료에서 나온 것이다.

스리랑카

이전에 '실론(Ceylon)'이라는 영국의 식민지였던 작고 활기찬
이 섬나라는 전통적인 방식으로 재배되는 차나무에서 고품질의
티들을 생산하는 것으로 유명하다.

원래 커피를 재배하던 스리랑카는 1869년 심각한 병충해가 커피 농장의 대부분을 엄습하면
서 초토화되자 차나무의 재배로 방향을 바꾸었다. 현재 수출되는 티는 1972년 국명을 스리
랑카로 바꾸었음에도 불구하고 여전히 '실론 티'로 불린다.

차나무는 이 나라 중앙부의 고원 지대에서 주로 재배되며, 각 지역의 고도에 따라 고지대
에서 재배되는 것, 중간 지대에서 재배되는 것, 저지대에서 재배되는 것의 세 그룹으로 나눌
수 있다. 해마다 두 번씩 찾아오는 우기는 지역마다 다른 영향을 미친다. 바람의 패턴이 바뀌
면서 각지의 기후에 미세한 변화를 주기 때문에 지역마다 생산되는 티에 두드러지는 차이가
있다.

스리랑카의 티 산업은 여러 해에 걸친 내전으로 인해 한동안 곤경에 처했다가 최근에는
회복되었다. 이제는 밝은 색조의 향미가 풍부한 홍차와 '실론 실버 팁(Ceylon Silver Tip)'이라
는 백차는 전 세계적으로 좋은 평판을 유지하고 있다. 100만 명 이상의 국민이 티 산업에 종
사하고 있으며, 찻잎은 여전히 수작업으로 채취한다.

스리랑카의 다원
날마다 몇 시간씩 차나무에 그늘을 만들어 주기 위해
활엽수들이 차광수로 비탈에 심어져 있다.

스리랑카의 티 생산 현황

세계 티 생산량에서 점유율 :	주요 티 종류 :
7.4%	**홍차, 백차**
유명한 사항 : **다원과 영국식 홍차**	
수확기 : **12월~4월** 일부 지역은 연중 내내	해발고도 : **고지대, 중간 지대, 저지대**

라트나푸라
(Ratnapura)의
홍차는
달콤한 맛이
독특하다.

남아시아

팔크 해협

팔크만

딤불라(Dimbula)

딤불라는 서부 고원의 산지에 자리를 잡고
있다. 이곳의 차나무는 해발고도
1000m~1700m의 지대에서 키가 높게 자란다.
이 지역에서 생산되는 티는 향미가 강하고
풍부하며 감칠맛이 있다.

우바(Uva)

동부 고원에 자리를 잡은 이곳은
차나무가 가장 먼저 재배된 지역의
하나였다. 해발고도 1000m~1700m인
우바에는 찻잎에 극적인 효과를
가져다주는 바람이 많은 계절이 있다.
새싹은 이 바람에 반응하여 닫히고,
차나무는 전체적으로 습기를 유지하게
된다. 이로 인하여 티의 맛이 더욱더
달콤해져 가격도 더 높게 팔린다.

캔디(Kandy)

캔디에서 차나무의 재배가 처음으로
시작된 것은 1867년이었다. 해발고도
750m~1200m에서 자라는 이곳의
차나무는 중간 정도의 크기로 자란다.
이로부터 생산된 티는 향미가 매우
강하여 얼 그레이나 잉글리시
브렉퍼스트 등의 티 블렌딩에
자주 사용된다.

스리랑카

벵골만

만나르만

마탈레

캔디

암파라

엉기니야갈라

누와라엘리야

딤불라

우바
모나라갈라

아루감만

콜롬보

라트나푸라

카타라가마

얄라

갈레

누와라엘리야(Nuwara Eliya)

해발고도 2000m의 중앙고원에 자리
잡은 누와라엘리야에서 자라는
차나무는 키가 높은 편이다. 차나무
새싹이 이 고지대에서 매우 느리게
자라는 결과 티에서는 달콤한 과일 맛이
난다. 이 지역에서는 전통적인 홍자뿐
아니라 '실버 팁(silver tip)'이 풍부한
백차도 생산하고 있다.

스리랑카의 티 산업은
국가 경제의 2%를
차지한다.

기호 설명

🌿 티 주요 산지

⬜ 재배 지역

세계의 티 풍습

티 레시피와 전통은 나라와 지역마다 다르며, 지리적 위치, 재료의 수급, 식습관 등
다양한 요인에 의해 형성된다. 아래의 세 지역에서는 티를 마시는 독특한 의식이 눈에 띈다.

독일 오스트프리슬란트

독일의 북쪽, 북해와 마주하는 곳에 위치한 오스트프리슬란트는 비교적 고립된 지방이기 때문에 독특한 티 문화가 발달했다.

이 지방에서는 티가 17세기에 유럽에 소개되었을 때부터 그것을 마시기 시작했다. 19세기에 이르러 오스트프리슬란트인들은 그들만의 독특한 블렌드를 만들었으며, 그 기법은 오늘날에도 그대로 전해지고 있다. 오늘날 오스트프리슬란트의 인구 1인당 연간 티 소비량은 300L로서 전 세계에서 가장 높은 편에 속한다.

이 지방에는 4명의 블렌딩 전문가, 뷘팅(Bünting), 오노 베렌츠(Onno Behrends), 틸레(Thiele), 우베 롤프(Uwe Rolf) 등이 있다. 이들은 유럽의 티 수입항 가운데 가장 큰 함부르크에서 티를 조달한다. 그리고 자신들의 레시피를 주의 깊게 관리하고 있다. 강한 향미의 홍차 블렌드에는 주로 세컨드 플러시 아삼 티를 많이 사용하며, 실론 티나 다르질링은 소량으로 사용한다.

티의 향미를 강하게 우려내기 위하여 건조 찻잎을 넉넉한 양으로 사용하고 자기로 만든 찻주전자로 끓인다. 티를 낼 때는 일종의 얼음사탕인 클룬트예(kluntje)의 조각을 작은 자기 찻잔에 넣는다. 그리고 우린 티를 그 위에 따르고 진한 크림을 더한다. 휘젓지 않고 그대로 두면 클룬트예가 서서히 녹아 단맛을 자아내며, 크림도 '티 클라우드 (tea cloud)'를 형성하면서 차츰 녹는다. 향미는 몰트 향이 매우 풍부하다. 추운 겨울에는 기운을 북돋울 만한 양의 럼주가 추가된다.

찻잔
오스트프리슬란트 지방의 티는 대체로
장식이 수려한 작은 자기 찻잔으로 마신다.

몽골

13세기에 몽골이 중국을 침공했을 당시 몽골인들은 '수테 차이(suutei tsai)'라는 티를 만들어 마셨다. 이것은 압축한 흑차 찻잎, 물, 가축의 젖, 소금 등으로 만드는—그리고 가끔 볶은 조도 넣었다—강하고 우유 맛이 나는 티였다. 몽골이 중국을 지배했던 원나라 시대에 몽골인들은 자신들이 마시던 짠맛의 티를 좋아해 중국의 티 문화를 배척했다.

티는 대체로 유제품, 육류, 곡류 등으로 구성되는 몽골인들의 식사를 보완해 주었다. 물이 희귀하여 신성한 것으로까지 여겼기 때문에 몽골인은 물을 그냥 마시지 않고 수테 차이를 만드는 데 사용했다. 각 가정에서 기르는 소, 야크, 염소, 말, 양, 낙타로부터 얻은 젖을 찻잎, 물, 소금과 함께 끓인 뒤 국자 등을 치켜들어 그것을 그릇에 담았다.

오늘날에도 수테 차이는 몽골 사회에서는 없어서는 안 될 필수 음식이다. 그 티는 일상적으로 마시는데, 사업상 계약이 성사될 때나 손님들을 맞이할 때, 그리고 가족 모임 등에서도 결코 빠지지 않는다. 몽골인 사이에서 수테 차이를 마시지 않겠다고 하는 일은 무례한 태도로 여겨진다.

오스트프리슬란트인들은 한자리에서 세 잔의 티를 마시는 것이 풍습이다.

티베트

티베트가 티와 밀접하게 관련되기 시작한 것은 중국인들이 유명한 차마고도를 통해 티를 티베트의 말과 교역했던 고대로까지 거슬러 올라간다. 대상로와 산길로 얽혀 있는 이 험악한 도로는 중국 남서부의 쓰촨성 지역과 티베트를 이어 주었다. 티베트의 대부분 지역은 차나무를 재배하기에 적합한 토양이 아니지만, 페마굴(Pemagul) 지방의 농부들은 소규모로 차나무를 재배해 전차 형태의 흑차를 만든다. 티베트인들은 '포차(po cha)'로 부르는 특유의 야크버터 티(yak butter tea)를 만들기 위해 티베트 밖에서는 널리 구할 수 없는 흑전차(黑磚茶)를 지금도 사용하고 있다.

강렬한 향미의 포차를 만들기 위해서는 먼저 흑전차를 부숴 대량으로 뜨거운 물에 넣고 반나절 동안 끓인다. 여기에 야크밀크, 버터, 소금과 함께 기다란 목제 교유기 도그모(dogmo)에 붓고 색깔이 미색을 띠면서 밝아질 때까지 휘저어 준다. 이렇게 만든 포차는 전통적으로는 금속제의 다기에 부어 마시지만, 오늘날에는 도자기로 만든 찻주전자에 부은 뒤 목제 또는 토기 찻잔에 따라 마신다. 티를 마시는 손님은 천천히 홀짝홀짝 마심으로써 그때마다 주인에게 첨잔할 기회를 주는 관습이 있다. 짠맛의 포차는 방문객에게 단순히 구미를 동하게 하는 음료이지만, 티베트인들에는 그 지방의 거친 기후와 높은 고도에서 생존하는 데 필요한 더 많은 열량을 얻기 위한 생존의 식품이다. 티베트의 유목민들은 포차를 하루에 평균 40잔이나 마신다고 한다.

포차(po cha)
짠맛이 나는 이 야크버터 티는 네팔, 부탄, 인도의 히말라야 지방 등에서도 소수민족들이 흔히 마신다.

일본

티의 역사가 12세기로까지 거슬러 올라가는 일본은 녹차의 나라로
널리 알려져 있다. 일본에서는 티의 국내 수요가 많기 때문에
해외 수출량이 연간 티 생산량의 3% 정도에 불과하다.

티는 중국에서 귀국하는 불교 승려에 의해 805년경 일본에 처음 들어왔다. 그러나 교
토부(京都府)의 우지(宇治) 지역에서 차나무를 재배하기 시작한 것은 12세기에 들어서
였다. 차나무는 현재 주로 혼슈(本州)와 규슈(九州) 등에서 재배되고 있으며, 바닷바람
탓인지 티에는 바다와 해초의 향미가 물씬 풍긴다. 일본에서 재배되는 차나무의 약
75%는 1954년 시즈오카현(靜岡県)에서 개발된 야부키타 품종이 차지하고 있다. 이 품
종의 찻잎으로 만든 티에서는 강렬한 향과 짙은 맛이 난다. 찻잎은 풍성하며, 일본의 쌀
쌀한 기후를 견뎌 낼 수 있고, 이 섬나라의 토양에도 적합하다.

　일본에서는 인건비가 높은 관계로 찻잎의 수확과 가공이 기계화되어 있다. 일본의
다원에서는 키가 높은 전기 선풍기를 흔히 볼 수 있다. 이들은 다원 전체의 온도를 조
절할 수 있게 배치되어 있다. 아직도 추운 봄에 차나무에서 부드러운 새싹이 자라는 곳
으로 따뜻한 공기를 불어 보내 서리의 피해를 막아 준다.

찻잎이 바늘 모양인
센차(煎茶, Sencha)는
일본에서 가장 많이
생산되는 녹차로서 일본
티 생산량의 약 80%를
차지한다.

일본의 티 생산 현황

세계 티
생산량에서
점유율 :

1.9%

주요 티 종류 :

녹차

유명한 티 :
교쿠로, 센차, 겐마이차

맛차

해발고도 :

낮음

수확기 : 4월~10월

스와노차야(諏訪の茶屋)
에도(江戸) 시대(1603~1868)에 세워진 이 찻집은
1912년 도쿄 황궁 안 현재의 위치로 이전되었다.
일본의 전통적인 건축 양식으로 지어진 건물이다.

동아시아

러시아

교쿠로(玉露)(Gyokuro)는 짙은 녹색 색상의 녹차 가운데에서도 가장 고급으로 친다. '교쿠로'는 찻빛에서 연녹색을 가리키는 말이기도 하다.

홋카이도

삿포로

태평양

새로운 계절에 처음 수확된 티는 '신차(新茶)'라고 한다.

센다이

사도섬

동해

교토현(京都県)
교토는 고대로부터 차나무를 재배해 온 지역이며, 그곳 내의 우지시는 교쿠로와 맛차(둘 다 수확 전 2주 동안 색상이 짙어진다)를 생산하는 주요 지역이다. 혼슈 중부의 다른 지역, 나라(奈良), 그리고 미에(三重) 등에서는 센차, 반차(番茶, Bancha), 가부세차(冠茶, Kabusecha) 등이 생산된다.

일본

혼슈

시즈오카현(静岡県)
혼슈섬의 태평양 쪽에 위치한 시즈오카는 티 생산량이 일본 티 생산의 절반을 자지한다. 그 대부분이 녹차인 센차이다. 습기가 있으면서 서늘한 이 지역의 기후는 차나무의 재배에 이상적이다.

도쿄

요코하마

나고야

교토

오사카

시즈오카

히로시마

오카야마

시코쿠

고치

기호 설명

┗ 티 주요 산지

▨ 재배 지역

아라차(荒茶)(aracha)
일본의 녹차는 매우 독특한 가공 과정을 거쳐 생산되는 것으로도 유명하다. 찻잎을 딴 뒤 증정, 유념 등의 과정을 거쳐 '아라차'라는 중간 단계의 재료 티가 완성된다. 이 아라차를 중개인들이 경매를 통해 구입한 뒤 전문가의 손을 통해 센차 등 다양한 녹차의 완제품들이 생산된다.

후쿠오카

구마모토

규슈

나가사키

가고시마

가고시마현(鹿児島県)
일본의 4대 섬 가운데 가장 남쪽의 규슈 지방에 위치하는 가고시마에는 차나무의 재배지가 15곳이나 되어 다양한 녹차가 생산되는 곳으로도 유명하다. 예를 들면 교쿠로, 센차, 반차, 가마이리차(釜炒り茶, Kamairicha) 등이다. 규슈의 다른 산지로는 사가(佐賀), 후쿠오카(福岡), 미야자키(宮崎) 등이 있다.

중국해

일본의 전통 티 의식, 차노유(茶の湯)

'티를 끓이는 뜨거운 물'이라는 뜻의 차노유(茶の湯)(chanoyu)는 명상적인 티 의례이다.
일본의 다도인 차노유에서는 티를 준비하는 의례를 통해 깨달음을 얻을 수 있다고 믿는다.

차노유 의식의 목적은 가루로 만들어진 녹차(맛차)를 특별한 용기와 도구를 사용해 정해진 동작으로 소박
하고 정갈하게 우려내려는 것이다. 다도에는 두 가지 유형이 있다. 여기에 제시하는 첫 번째 유형 차카이(茶
會, 차회)는 1시간이 걸리지 않는 비공식 티 모임이다. 우스차(농도가 연한 맛차)를 와가시(和菓子, 화과자)와 함
께 낸다. 화과자는 티의 쓴맛을 해소시키려는 것이다. 두 번째 유형 차지(茶事, 차사)는 4시간이나 계속되는
매우 격식이 높은 의례이며, 이때는 고이차(농도가 진한 맛차)를 준비해 정교한 4품 요리 '가이세키(懷石)'와
함께 낸다. 원래 불교 선종의 의식이었던 차노유는 16세기에 티의 대가 센노리큐(千利休, 1522~1591)에 의해
체계화되었다. 조화, 존중, 순수, 평정 등을 강조한 그의 다도는 아직도 전 세계에서 전수되고 있다. (편집자
주_ 여기서 일본 다기명은 일본어 명칭과 한자 독음으로도 모두 사용되어 병기한다.)

차센(茶筅, 차선)
대나무 한 조각으로 만든
다기로서 맛차에서 거품을 낼
때 사용한다. 끝이 여러 갈래로
나뉘어 있다.

겐스이(建水, 건수)
차완(茶碗)을 부신 개숫물을
버리는 사발이다. 퇴수기에
해당한다. 차노유가 진행되는
동안에는 눈에 띄지 않게 한다.

차완(茶碗)
찻물을 담는 찻종이다. 계절마다 다른
모양의 찻종을 사용하는데, 여름에는 속이
얕은 것을, 겨울에는 속이 깊은 것을 쓴다.
이들은 모두 수제품이며, '와비(侘)'라는
단순하고 소박한 미를 지니고 있다.

차킨(茶巾, 다건)
차노유 의례에서 차완을
닦는 데 사용하는 흰 수건.

후타오키(蓋置, 개치)
철병(鐵甁), 즉 무쇠 주전자의 뚜껑을
대나무로 만든 이 받침에 놓는다.

히샤쿠(柄杓, 병작)
대나무로 제작된 긴 국자형 다기.
주전자에서 뜨거운 물을 뜰 때 사용한다.

미즈사시(水指, 수지)
철제 주전자에서 끓일 물을
미리 담아 둘 때 사용되는
그릇. 나무 또는 거친
도기나 자기로 만든다.

차샤쿠(茶杓, 차작)
흔히 대나무로 만드는 길고 가느다란
차 숟갈. 맛차를 차완으로 퍼 담을 때
사용한다. 일종의 차시이다.

나쓰메(棗, 조)
우스차(농도가 연한 맛차) 등의 맛차를
담아 두는 차통. 보통 나무로 만들고
옻칠을 입히기도 한다.

가마(釜, 부)
미즈사시에서 옮긴 물을 끓일 때
사용하는 철제 주전자인 철병(鐵甁).

와가시(和菓子, 화과자)
쌀가루, 설탕, 팥 반죽으로 만든
일본식 과자로서 티를 내기
직전에 손님에게 제공된다.
손님은 가지고 온 네모난
종이인 가이시(懷紙, 회지)와
꼬치를 사용해 과자를 먹는다.

차노유의 과정

일본의 다도인 차노유는 각 단계마다 진행 속도가 느린데, 거기에는 의도성이 있다. 티를 내는 장소는 언제나 정갈하고 청결하게 유지된다. 다기는 뚜껑이 닫혀 있고, 천은 단정하게 개켜져 있다. 여기서는 이 차노유의 단계를 간략하게 소개한다.

1 먼저 차노유에 사용될 다기들을 정갈하게 닦는 데 사용하는 네모난 비단보인 '후쿠사(袱紗)'를 접는다. 이 비단보는 대각선 방향의 양끝을 잡고 긴 모서리 밑으로 3분의 1쯤 되는 부분을 잡고서 접는다.

2 반대쪽 방향에서 다시 3분의 1쯤 되게 접은 뒤, 길이 방향으로 절반을 접고, 마지막으로 한 번 더 반으로 접는다.

3 정갈하게 할 다기 위에서 양쪽 모서리를 서로 겹친다. 주인은 손님들 앞에서 엄숙하게 모든 다기들을 닦으면서 차노유를 준비한다.

4 대나무 국자인 히샤쿠(병작)를 사용해 가마(주전자)로부터 뜨거운 물을 떠서 차완으로 담는다.

5 주인은 차센(차선)에 손상된 부위가 없는지 살펴본 뒤 차완 안에 놓고 천천히 휘젓는다. 이를 '격불(擊拂)'이라고 한다. 물을 잠깐 격불한 뒤에는 차센을 들어낸다. 이는 차센을 부드럽게 하고 뜨거운 물에 묻힘으로써 깨끗하게 하려는 것이다.

6 따뜻한 물을 차완 주위로 둘렀다가 퇴수기에 해당하는 겐스이(건수)에 붓는다. 차완은 이제 차킨(다건)을 사용해 닦는다.

7 차샤쿠(차 숟갈)를 사용해 맛차 두 숟갈을 차완에 담는다.

8 히샤쿠(병작)를 두 번째로 사용해 가마(주전자)에서 차완으로 물을 퍼 담는다. 이번에는 맛차를 만들려는 것이다. 이때 히샤쿠는 사용하지 않을 때 가마 위에 올려 둔다.

9 맛차 표면 위에 거품이 생길 때까지 처음에는 천천히, 나중에는 빠르게 하는 식으로 W자 모양으로 휘젓는다.

10 주인은 차완을 손바닥 위에 놓고 시계 방향으로 두 번 돌려 가장 장식이 잘된 부분이 손님 맞은편에 가게 한다.

11 주인은 무릎을 꿇은 채 맛차를 내밀고 고개를 숙여 절한다.

손님의 역할

손님도 주인에게 절하고 시계 방향으로 차완을 돌리면서 가장 마음에 드는 쪽을 주인에게 향하도록 한다.
손님은 맛차를 세 번으로 나누어 조금씩 마신다. 세 번째 마실 때는 후루룩 들이마셔 맛차를 맛있게 마셨다는 심경을 드러내도 좋다. 그리고 빈 차완을 주인에게 돌려준다.

러시아의 티 문화

러시아인들은 17세기에 중국에서 전래된 뒤부터 티를 즐겨 마셨다. 전통적으로 사모바르(samovar)로 끓인 물로 우리는 티는 러시아에서 오늘날 국민 음료로 자리를 잡고 있다.

티는 1638년 몽골인들이 차르인 미하일 1세(Mikhail I, 1596~1645)에게 선물로 바치면서 러시아에 처음 소개되었다. 이로부터 수십 년 뒤에는 중국으로부터 들어온 티를 일반 러시아인들도 즐길 수 있었다. 특히 1679년에는 '티를 정기적으로 공급받고 그 대금을 동물 가죽으로 지불한다'는 협약을 중국과 체결했다.

1870년대에 이르러 잎차와 전차가 중국에서 수입되면서 티는 이제 러시아인의 생활에 없어서는 안 될 식품으로 자리를 잡았다. 결혼식을 올리는 장소나 사업상 계약을 체결하는 자리, 그리고 이견의 대립을 해소하려는 공간에서는 항상 티가 빠지지 않았다.

티는 '스스로 가열되는 보일러'라고 할 수 있는 사모바르(samovar)로 끓인 물을 사용해 준비되었다. 찻잎과 물의 비율이 물 1컵당 찻잎 5티스푼 정도로 진한 홍차인 '자바르카(zavarka)'는 '차이니크(chainik)'라는 찻주전자로 끓였다. 차이니크는 사모바르 맨 위에 올려놓고 가열했다.

집의 안주인은 자바르카를 유리잔에 따르고 사모바르에서 뜨거운 물을 더해 손님의 입맛에 적합하게 농도를 희석시킨다. 티는 보통 순수하게 진한 홍차로 마시거나 레몬과 함께 마시며, 잼이나 꿀 또는 설탕으로 입안을 달게 한다. 그리고 잼과 함께 내는 두꺼운 치즈 팬 케이크인 '시르니키(syrniki)'나 땅콩, 버터, 밀가루로 만들어 정제 설탕에 굴린 '러시아 티 케이크'라고도 하는 작은 비스킷 등의 스낵도 곁들여

졌다. 전통적으로 뜨거운 유리잔은 금속제 홀더인 '포드스타칸니크(podstakannik)'에 끼워 넣는다. 그러면 티를 마시는 사람은 손가락을 데지 않고도 뜨거운 티를 마실 수 있다.

오늘날 러시아에서는 티가 여전히 대부분의 사교 활동에서 제공된다, 그리고 잎차가 티백보다도 인기가 훨씬 더 높다. 전통적인 사모바르는 지금은 일상생활에서 보기가 힘들지만, 온화, 위안, 단란 등의 긍정적인 감정을 불러일으켜 러시아 사회를 결속시키는 강력한 상징으로 남아 있다.

사모바르(samovar)
사모바르의 디자인은 처음에는 실용적이었지만
점차 장식적인 예술품으로 변화하였다.

'포드스타칸니크'는 러시아인들의 가정에서는
더 이상 찾아보기가 힘들지만, 열차 안에서는
아직도 티를 우려낼 때 사용된다.

타이완

짧지만 주목할 만한 티 역사를 간직한 도서 국가 타이완은 티의 생산량에서
상당 부분을 차지하는 '철관음'과 '아리산'과 같은 고품격 향기를 지닌
우롱차들의 산지로 매우 유명하다.

이전에 포머서(Formosa)로 처음 알려진 타이완은 청나라 때인 1683년 중국에 점령되어 당
시 푸젠성의 일부가 되었다. 푸젠성의 우이산에서 건너온 사람들이 차나무를 재배하는 기술
을 들여서 타이완의 비옥한 산지에 차나무의 씨를 심었다. 타이완에는 티의 가공 시설이 없
었기 때문에 수확한 찻잎은 푸젠성으로 보내 재가공했다.

　1868년 영국의 무역업자 존 도드(John Dodd)는 타이베이(台北)에서 티 가공 공장의 설립
을 도왔다. 이에 힘입어 타이완에서도 티를 가공하고 수출하는 작업이 한결 편리해졌다. 이
때부터 포머서의 티는 세계적으로 인정을 받았다. 타이완은 고산우롱차로 유명하지만, 그 외
에도 다양한 유형의 우롱차를 생산하고 있다. 현재 이러한 우롱차들은 국내에 소비되고, 또
한 전 세계로 수출되고 있다.

　타이완 우롱차의 향미는 계절에 따라 달라진다. 봄에 고산 지대에서 수확된 찻잎으로 생
산한 우롱차는 확연하게 꽃이나 과일과 같은 향미를 지니지만, 서늘한 겨울에 수확된 찻잎
으로 생산한 우롱차는 꽃향기가 매우 풍부하다. 부분산화차인 우롱차의 가공 과정에는 많은
시간이 소요된다. 대부분 2일 이상의 무려 10단계나 되는 가공 과정을 거쳐 생산된다.

찻잎의 수확

타이완에서는 고품질의 찻잎을 수확할 때 수작업이
선호된다. 그때는 주로 새싹과 어린잎을 딴다.

타이완의 티 생산 현황

세계 티 생산량에서 점유율 :	**0.6%**	주요 티 종류 :	**우롱차,** 홍차, 녹차
유명한 티 :	**고산우롱차**	수확기 :	**4월~12월에 평균 5회**

해발고도 : **중간 내지 높음**

타이완에서
생산되는
티의 약 80%는
티를
애호하는
국내 시장에서
소비된다.

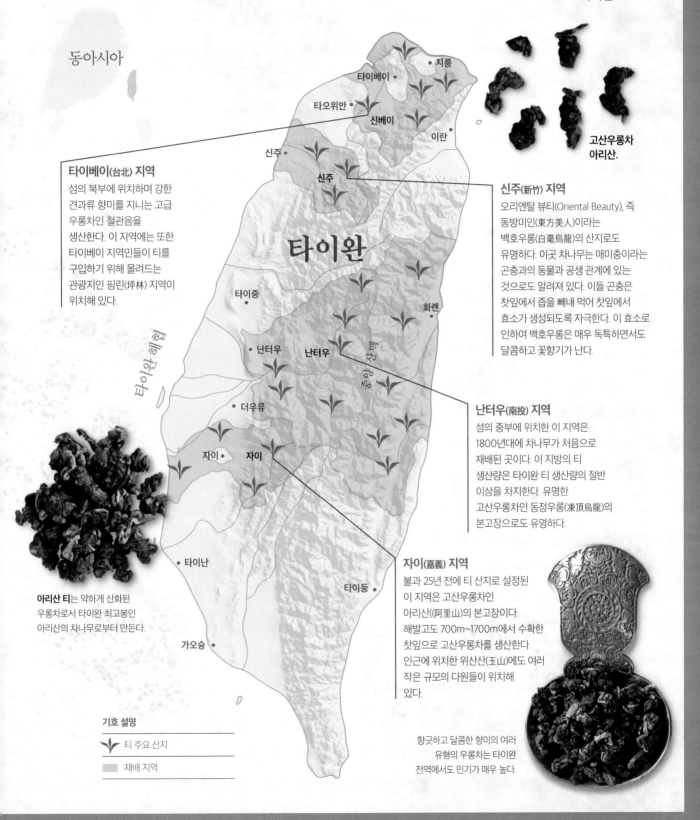

동아시아

고산우롱차 아리산.

타이베이(台北) 지역

섬의 북부에 위치하며 강한 견과류 향미를 지니는 고급 우롱차인 철관음을 생산한다. 이 지역에는 또한 타이베이 지역민들이 티를 구입하기 위해 몰려드는 관광지인 핑린(坪林) 지역이 위치해 있다.

신주(新竹) 지역

오리엔탈 뷰티(Oriental Beauty), 즉 동방미인(東方美人)이라는 백호우롱(白毫烏龍)의 산지로도 유명하다. 이곳 차나무는 매미충이라는 곤충과의 동물과 공생 관계에 있는 것으로도 알려져 있다. 이들 곤충은 찻잎에서 즙을 빼내 먹어 찻잎에서 효소가 생성되도록 자극한다. 이 효소로 인하여 백호우롱은 매우 독특하면서도 달콤하고 꽃향기가 난다.

타이완

난터우(南投) 지역

섬의 중부에 위치한 이 지역은 1800년대에 차나무가 처음으로 재배된 곳이다. 이 지방의 티 생산량은 타이완 티 생산량의 절반 이상을 차지한다. 유명한 고산우롱차인 동정우롱(凍頂烏龍)의 본고장으로도 유명하다.

자이(嘉義) 지역

불과 25년 전에 티 산지로 설정된 이 지역은 고산우롱차인 아리산(阿里山)의 본고장이다. 해발고도 700m~1700m에서 수확한 찻잎으로 고산우롱차를 생산한다. 인근에 위치한 위산산(玉山)에도 여러 작은 규모의 다원들이 위치해 있다.

아리산 티는 약하게 산화된 우롱차로서 타이완 최고봉인 아리산의 차나무로부터 만든다.

기호 설명

🌱 티 주요 산지

▨ 재배 지역

향긋하고 달콤한 향미의 여러 유형의 우롱차는 타이완 전역에서도 인기가 매우 높다.

전 세계의 찻잔

티를 마시는 찻잔 또는 컵은 여러 가지의 형태, 크기, 재료 등으로 나와 있다.
다양한 문화적 요구와 유행 스타일의 영향을 받는 이 찻잔들은 티를 마시는 경험에서
매우 중요한 부분을 차지한다.

일본의 차완(茶碗)

일본어로 '차 사발'이라는 뜻의 '차완'은 점토로 만들어지는
용기로서 때로는 특이한 디자인에 유약이 칠해지기도 한다.
일본의 다도인 '차노유'(98쪽~103쪽 참조)에서는 주인이 차완에서
디자인이 가장 마음에 드는 쪽을 손님에게 향하도록 한다.

티베트의 티 그릇

포차라는 티베트의 버터 티는 이런 모양의 그릇에 담아
마신다. 가장자리가 넓게 벌어진 것은 보통 티에 넣어
먹는 곡류를 쉽게 떠먹을 수 있도록 한 것이다.

러시아의 유리잔과 홀더

전통적으로 러시아에서는 티를 '포드스타칸니크'라는
장식적으로 세공한 금속제 홀더에 끼워 넣은
유리잔으로 마신다. 이 홀더는 유리잔의 열기로부터
손을 보호하고 찻잔을 안정시킨다.

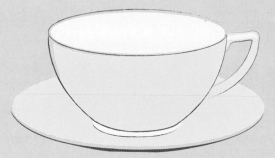

자기 찻잔과 받침 접시

서양에서는 찻잔과 받침 접시야말로 티를 나타내는
보편적인 상징물이다. 자기 찻잔과 받침 접시는
16세기와 17세기에 중국에서 처음으로 서양에
수출되었다. 영국이나 유럽의 다른 지역에서 생산이
시작된 것은 중국에 살고 있던 예수회 신부가
자기 가공법을 프랑스로 전한 1700년대 중반부터였다.

터키의 유리 찻잔과 받침 접시

튤립 모양인 유리잔의 가장자리에서 밖으로 향해 구부러진 부분을 잡고 마시면 손이 뜨겁지 않다. 또 유리잔이기 때문에 티의 풍부한 호박색을 잘 감상할 수 있다.

인도의 쿨라르

점토를 손으로 빚어 만드는 이 소박한 1회용 찻잔은 인도 길가의 가판대에서 흔하게 볼 수 있다. 전통과 현대의 조화라고 할 수 있는 훨씬 정교하고 세련된 쿨라르도 고급 상점에서 구할 수 있다.

중국의 찻잔

중국의 찻잔은 매우 작기 때문에 고급 티를 맛볼 때 부담 없이 마실 수 있다. 보통 자기로 만드는 이들 찻잔은 때때로 토기의 색상이나, 전통적인 푸른색과 흰색 무늬의 유약이 칠해지기도 한다.

모로코의 유리 찻잔

모로코의 민트 티를 마시는 데 사용되는 '키산(keesan)'이라는 이 훌륭한 장식의 찻잔은 다양한 디자인과 색상으로 나와 있다.

머그잔

머그잔은 영국과 미국에서 두루 인기가 있으며 자기, 경질 도기, 토기 등 다양한 재료로 만들어진다. 보통 많은 양의 티를 담을 수 있어 여러 차례에 걸쳐 리필할 필요가 없다.

한국

한국의 부드럽고 감미로운 티는 꼭 찾아서 마셔 볼 만한 가치가 있다.
해마다 초봄의 미묘한 티를 선보이는 여러 축제에 맞춰 수많은 티 관광객들이
오늘날에는 한국을 찾고 있다.

한국에서는 『삼국사기』에 따르면, 흥덕왕 3년(828년)에 중국에서 차나무의 씨를 가져와 경상
남도의 지리산에 심으면서 티 문화가 본격적으로 시작되었다고 한다. 그런데 16세기에 일본
군이 이 나라에 침공하면서 수많은 다원들이 사라졌다. 그 뒤 여러 정치적 격변을 겪는 동안
에도 불교 승려나 선비들이 좁은 지역이나마 계속 차나무를 재배하며 티 문화의 명맥을 유
지해 나갔다. 1960년대 초에 이르러서야 티에 관심이 되살아났고, 다원들도 새로이 조성되
었다.

　　한국의 차나무는 거의 전부 대한해협과 동해로부터 바닷바람이 불어오는 한반도 남부의
산지에서 재배된다.

　　차나무로부터 생산되는 티의 거의 대부분은 녹차로서 음력의 일정에 따라 생산된다. 4월
중순경 가장 먼저 따는 찻잎으로 만들어 '첫물차'라고도 하는 '우전(雨前)'은 달고 부드러운 향
미를 지닌다. '세작(細雀)'은 4월 하순에서 5월 초에 따며, 부드럽지만 약간 두드러진 향미가
있다. '중작(中雀)'은 5월 중순 내지 하순에 가장 늦게 수확하는데, 티가 밝은 옥색를 띠면서
아주 달콤한 향미를 자아낸다. 일부 전문가들은 '발효차'라고 부르는 숙성된 홍차도 생산한
다. 이 티에는 엿, 핵과, 소나무 등의 향미가 있다.

보성

티 관광객들에게 매우 인기가 높은 관광지이다.
한국에서 차나무의 재배 중심지로 인정을 받는 보성에
즐비한 푸른 차나무들.

한국의 티 생산 현황

세계 티 생산량에서 점유율 :	**0.1%**
유명한 사항 :	**봄철의 티 축제**
해발고도 :	**중간**
주요 티 종류 :	**녹차,** 말차, 숙성된 홍차 (발효차)
수확기 :	**4월 중순~5월 말**

대바구니에서 건조된 한국의 녹차가
분류 및 포장을 기다리고 있다.

동아시아

북한

경기도

강원도

태백산맥

• 동해

• 서울

• 인천

충청북도

• 충주

경상남도
지리산 자락의 차나무에서는 녹차가
생산된다. 찻잎은 수확된 뒤 산화를
방지하기 위해 우묵한 큰 냄비에 넣어
살청한다. 가열하면 찻잎이
유연해지며, 거적 위에서 굴려
비틀어진 모양으로 만든 뒤 회전하는
건조기로 말린다. 이 지역의 농부들은
연간 약 1289톤의 티를
생산한다(KOSIS, 2019).

동해

한국

경상북도

전라남도
이 지역은 경상남도만큼은
산이 많지 않으며, 연중
내내 관광객을
끌어들이는 차밭들이
있다. 보성군에는 1271ha의
면적에 1397개의
차농가들이 있다(KOSIS,
2019). 농부들의 다수가 티
가공의 전문가이다.
한국에서는 대한다원이라는
차밭이 유명하다. 그곳은
차밭이면서도 연중 개방되어
차나무 언덕의 풍광을
즐길 수 있다.

충청남도

• 대전

• 대구

서해

전라북도

경상남도

• 밀양

▲ 지리산

진주 •

마산 •

• 부산

하동

사천 •

대한 해협

광주 •

순천 •

전라남도

목포 •

보성

제주도
이 작은 섬에는
39개의 차농가들이
592ha의 면적을 차지하고 있다(KOSIS,
2019). 제주도에서 생산되는 티의
대부분은 한국인들이 소비하지만,
약 100톤 이상은 북미로 수출된다.

제주 해협

**한국의 녹차는 산화를 방지하기
위해 찻잎을 솥에서 덖는다.**

제주도

기호 설명

🌱 티 주요 산지

▨ 재배 지역

한국의 다례

한국의 다례(茶禮)는 소박하면서도 정중한 의식이며, 생활 가운데 소박한 것을 축복하고 음미하는 불교 선종의 영향을 받은 것이다. 이 사상은 다기에 깃든 선명한 선과 자연적인 감각이 반영되어 있다.

한국의 다도에 대한 현대적인 접근은 『한국의 다도』(1973)라는 책에서 크게 영향을 받았다. 티의 대가인 효당(曉堂) 최범술(崔凡述, 1904~1979) 선생은 이 책에서 티—특히 한국에서 다도에 사용되는 녹차 '반야로(般若露)'—를 준비하는 가장 좋은 방법을 설명했다. '반야로'라는 말은 '깨달음을 얻는 지혜의 이슬'을 뜻하며, 이 티를 준비함으로써 얻는 정신적인 효과를 가리킨다. 효당은 또 한국에서 생산된 티를 준비하고 마시는 한국 고유의 전통적인 방식을 보존하려는 목적에서 한국다도협회를 창립하기도 했다.

'다례'는 '티에 대한 예의'라 할 수 있다.

다례는 소박한 것에 가치를 부여하는 불교 선종과 밀접한 관련이 있으며, 한국인들은 일상생활에서 평안하게 마음을 가다듬는 방법의 하나로 그것을 받아들이고 있다.

도자기로 만든 티 용구(다기)의 소박한 아름다움도 다례의 품격을 높여 준다. 다기는 보통 색상이 두드러지지 않고 기능적인 형태로 되어 있다.

차협
이 목제 집게는 차통에 들어 있는 찻잎을 찻주전자로 옮길 때 사용된다.

찻잔 받침(잔대)
이것은 손님들에게 티를 낼 때 찻잔을 받치는 데 사용된다.

찻수건
이 작은 수건은 정사각형으로 접어 찻잔이나 다른 다기를 닦거나 받치는 데 사용한다.

퇴수기 (개숫물 그릇)
도자기로 만든 이 큰 그릇은 찻잔을 부신 물을 모으는 데 사용된다.

다포(찻상포)
이것을 탁자 위에 깔고 그 위에 다기를 올려놓는다

찻주전자 뚜껑 받침
물이나 찻잎을 찻주전자(다관)에
넣을 때 그 뚜껑을 도자기로
만든 이 받침대 위에
놓는다

숙우(물식힘그릇 또는 귓대사발)
중간 크기의 이 도자기 그릇에는
작은 홈이 한쪽 가장자리에 나 있어
물을 따르기가 쉽다

다관(차우리개)
보통 홀쭉한 손잡이가
달린 찻주전자이며
도자기로 만들어진다

차호(차통)
뚜껑이 달린 이 도자기
용기는 녹차를 일정한
분량으로 담아 두는 데
사용된다

다완(찻잔)
한국의 다례에서는 여름에는
뜨거운 물을 식히는 안이 넓고
얕은 '평다완(平茶碗)'이라는
찻잔이 사용되고, 겨울에는 열을
유지하도록 안이 좁고 깊게
디자인된 '심다완(深茶碗)'이라는
찻잔이 사용된다.

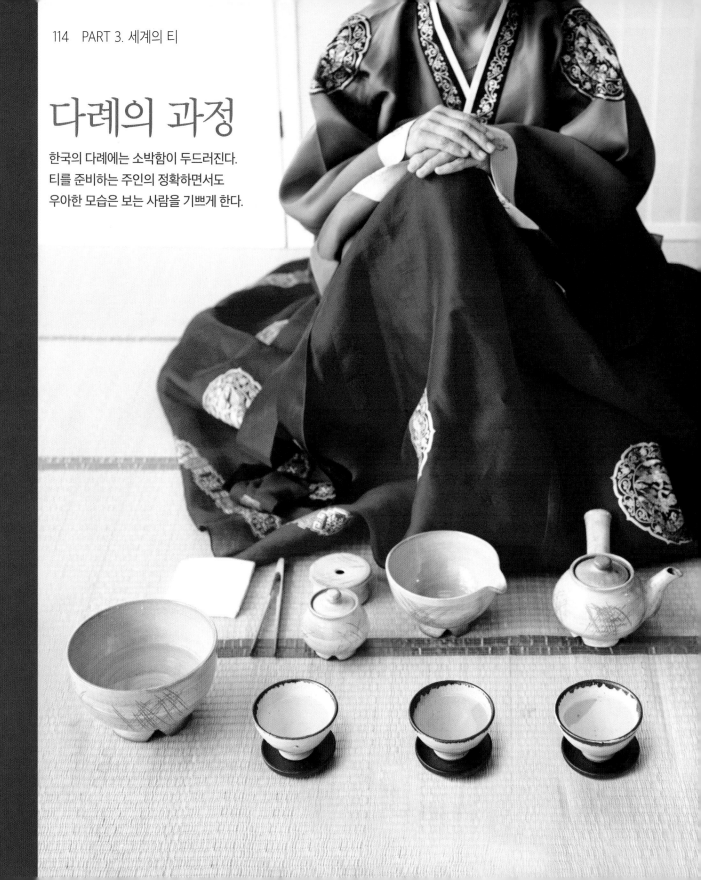

다례의 과정

한국의 다례에는 소박함이 두드러진다.
티를 준비하는 주인의 정확하면서도
우아한 모습은 보는 사람을 기쁘게 한다.

1 주인이 뜨거운 물을 주전자에서 숙우에 붓고 적당히 식힌다.
양손으로 숙우를 받치고 흘러내리는 물방울은 찻수건으로
닦으면서 물을 다관에 따른다.

2 다관의 물을 손님의 찻잔부터 먼저 따른다.
이는 티를 우리기에 앞서 찻잔을 예열하는 것이다.

3 뜨거운 물을 다시 주전자에서 숙우로 따른 뒤
다관 뚜껑을 제거한다.

4 차호(차통)를 열고(작은 사진) 차협을 사용하여 찻잎 네 줌을
집어 들어내 다관 속에 넣는다.

5 주인이 양손으로 숙우를 받쳐 물을 다관 속으로 따른다. 다관의 뚜껑을 다시 덮고(작은 사진) 2~3분 동안 티가 우러나도록 기다린다.

6 찻잔의 물을 퇴수기에 비운다.

7 주인은 소량의 티를 따라 맛을 보고 손님이 마실 준비가 되었는지 확인한다.

8 주인은 자신에게서 가장 멀리 있는 찻잔부터 티를 따르고 자기 자신의 찻잔으로 돌아온다. 티는 각 찻잔의 반쯤 채우고 찻잔과 찻잔 사이에 몇 초 정도 움직임을 멈춘다.

9　주인은 다시 티를 계속 따른다. 이번에는 자기 찻잔부터 시작해 가장 멀리 있는 손님의 찻잔까지 각각 4분의 3을 채운다. 이러한 이유는 티를 공평하게 분배—티의 농도를 균일하게—하려는 것이다.

10　손님의 찻잔은 건네기 전에 찻잔 받침(잔대) 위에 올린다.

11　손님 앞에 놓인 차상 위에 티를 놓는다.

손님의 역할

찻잔은 두 손으로 둥글게 잡는다. 그리고 입까지 들어 올려 세 번에 나누어 마신다. 처음은 티의 색깔을 즐기면서 홀짝거리며, 두 번째는 향을 즐기면서, 세 번째는 맛을 즐기면서 홀짝거린다.

터키

터키의 기후는 차나무를 재배하기에 매우 적합하다. 그리고 그 나라는
오래전부터 티에 대한 열망을 발전시켜 왔다. 일반 사람들은 매일
강하고 달콤한 향미의 전통적인 홍차인 차이(Çay)를 열 잔 이상씩 마신다.

차나무는 터키에서 북동부의 리제(Rize) 지방, 폰틱(Pontic) 산맥과 흑해 사이에 위치하는 지
역에서 재배된다. 연중 높은 기온과 고른 강우가 특징인 이 지역의 온난다습한 아열대 기후
는 차나무를 재배하기에 최적이다. 덧붙여 밤이면 더 서늘해지기 때문에 살충제를 사용하지
않고도 차나무를 재배할 수 있다.

리제 지방은 시골 지역이며, 1940년대에 처음 차나무가 재배되기 전에는 경제적으로 궁
핍했다. 그 뒤 티 생산이 흑해 연안을 따라 확산되었다. 오늘날 터키의 티 산업계는 스리랑카
와 거의 같은 수준의 티를 생산하고 있어 국가 경제에도 큰 기여를 하고 있다. 터키에서는 국
내 소비량이 많아 티 생산량의 5%만이 수출되고 있다. 정부에서는 티 수입품에 145%의 관
세를 부과함으로써 국내 티 산업을 보호하고 있다.

터키는 이탈리아를 제외하고 얼 그레이의 주재료인 베르가모트 오렌지를 재배하는 몇
안 되는 나라 중 하나이다.

유럽

불가리아
에디르네
그리스
이스탄불
마르마라해
에게해
발리케시르
부르
퀴타
이즈미르
데니즐리
안탈리
그

터키의 티 생산 현황

세계 티 생산량에서 점유율 :
4.6%

주요 티 종류 :
홍차(CTC)

수확기 :
5월~10월

유명한 사항 :
높은 국내 소비
무농약 재배

해발고도 :
중간

기호 설명

티 주요 산지

재배 지역

티는 터키의 시장에서 고객과 협상하고 계약을 체결할 때 **항상 나온다.**

리제 지방

흑해 연안의 가파른 언덕 위에서 자라는 차나무는 핸드클리퍼를 사용해 수확한다. 이것은 찻잎을 딴다기보다도 써는 것에 더 가깝다. 찻잎은 CTC 생산(21쪽 참조)을 위해 운송된다. 수확은 새벽에 시작되어 초저녁에 끝난다. 하루 수확량의 대부분은 정부에서 직영하는 공장에 매각된다.

흑해

종굴다크

쿼레 산맥

아다파자리

오르두

조지아

트라브존

리제

아르메니아

쾨로글루 산맥

앙카라

시바스

에르주룸

터키

카이세리

북 동 톰로스 산맥

이란

반

아나톨리아

코니아

바트만

토로스 산맥

오스마니예

산리우르파

이라크

메르신

안타키아

시리아

지중해

터키의 티를 즐기는 방법

터키 티는 두 개의 찻주전자를 한 세트로 하는 '차이단리크(çaydanlik)'에서 강하게 우려낸 홍차로 준비된다. 차이단리크는 위아래로 겹쳐진다. 아래쪽 주전자는 물을 끓이는 데 사용되는 반면에 위쪽 주전자는 농축된 찻물을 따뜻하게 유지한다. 이 티를 튤립 모양의 유리잔에 따르고, 아래쪽 주전자의 물을 사용해 티를 원하는 농도로 희석시킨다. 전통적으로 터키 티는 우유를 넣지 않고 순수 홍차로 나오는데, 보통 각설탕 몇 개와 함께 즐겨 마신다.

터키 홍차는 강하고 검은 '코유(koyu)' 또는 약하고 연한 색상의 '아치크(açik)' 중 하나로 우려내 즐긴다.

베트남

베트남의 몬순 기후는 차나무를 재배하는 데 완벽한
자연조건을 만들어 낸다. 찻잎의 수확량이 매우 풍부하여
베트남은 세계 제5위의 티 생산국이다(FAO, 2019).

토종 야생 차나무 '샨(shan)'은 베트남에서 적어도 1000년
이상 재배되었다. 그러나 프랑스 이주자에 의해 티 농장
이 설립된 것은 1820년대의 일이다. 제2차 세계 대전 이
후의 격동기에는 티 생산량이 적었지만, 그 뒤 강한 회복
세를 보였다. 아기엉(Ha Giang)이나 샨뚜옛(Shan Tuyet)과
같은 녹차와 연꽃 티와 같은 지역 특산의 티는 베트남의
북부에서 생산된다. 이들 티는 베트남티협회(VITAS)에 의
해 전 세계의 시장에 홍보되면서 재배자들의 소득을 높여
주고 있다. 티 생산자들은 대부분 오서독스 방식을 적용
하지만 일부는 CTC 방식(21쪽 참조)도 적용하고 있다.

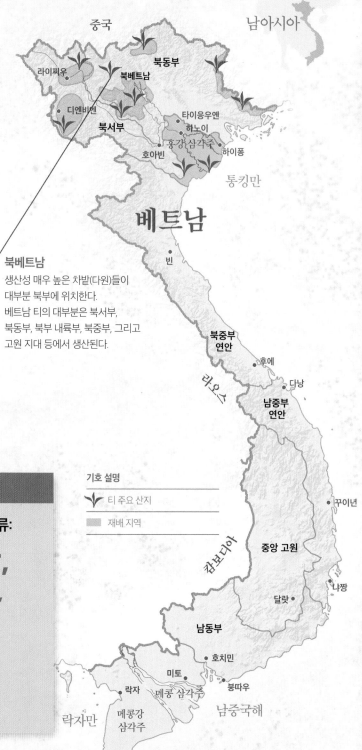

북베트남
생산성 매우 높은 차밭(다원)들이
대부분 북부에 위치한다.
베트남 티의 대부분은 북서부,
북동부, 북부 내륙부, 북중부, 그리고
고원 지대 등에서 생산된다.

기호 설명

ⵯ 티 주요 산지

▨ 재배 지역

베트남의 티 생산 현황

세계 티 생산량에서 점유율 :	주요 티 종류 :
4.8%	**녹차,** 연꽃 티, 홍차
유명한 사항 : **토종 차나무**	해발고도 : **중간**
수확기 : **3월-10월**	

네팔

네팔의 차가운 산 공기와 험준한 산세는 향미가 풍부하고 복합적이면서도
미묘한 티를 생산하는 데 이상적이다. 홍차가 매우 널리 생산되는 한편,
녹차, 백차, 우롱차도 생산된다.

남아시아

네팔에서의 티 생산은 비교적 생소하지만, 약 85개의 크고 작은 차밭이 있다. 대부분의 농부들은 소규모 자작농이며, 중앙부에 자리 잡은 가공 공장들은 그곳에서 수확한 찻잎을 구입해 가공한다. 규모가 큰 차밭에서는 대부분 CTC 방식의 티(21쪽 참조)를 생산하지만, 일부 규모가 잡은 차밭에서는 품질이 훌륭한 오서독스 방식의 티도 생산한다. 해발고도가 좀 낮은 지역에서 생산되는 홍차와는 달리 히말라야 산지의 홍차는 높은 고도에서 가공되기 때문에 찻잎이 시드는 동안 건조됨으로써(강한 위조) 산화가 제대로 일어나지 못한다. 그로 인해 최종 상품의 티에는 검은색의 찻잎 가운데 녹색의 얼룩이 있는 모습을 볼 수 있다. 비록 찻빛이 연하여 맛도 그럴 것으로 생각되지만, 일단 마셔 보면 홍차의 풍부한 맛을 느낄 수 있다.

인도

중국

극서부

디파얄 •

• 줌라

중서부

• 베렌드라나가르

• 살리얀

서부

포카라 •

히말라야 산맥

네팔

중국

카트만두
•
중부

동부

인도

단쿠타

• 일람

인도

• 비라트나가르

네팔의 홍차는 내륙의 동부 산악 지역에서 생산된다.

인도

단쿠타
단쿠타는 일람과 이웃해 있는 다르질링과 매우 흡사한 토양의 지역이다.

일람 계곡
네팔의 동단에 다르질링과 이웃해 있는 이곳은 네팔에서 가장 넓은 차나무의 재배 지역이다.

네팔의 티 생산 현황

세계 티 생산량에서 점유율 :	**0.4%**

수확기 :
퍼스트 플러시 **3월-4월,**
몬순 플러시 **6월-9월,**
오텀널 플러시 **10월**

주요 티 종류 :
홍차, 녹차, 우롱차

해발고도 : 높음

유명한 사항 :
역사가 짧은 티 산업의 혁신, **소규모 차밭끼리의 협동조합 운용**

기호 설명

⌄ 티 주요 산지

■ 재배 지역

케냐

티는 1903년 처음 케냐에 소개되었고, 상업적인 생산은 1924년에 시작되었다. 그 뒤 케냐의 티 산업은 홍차로 유명해졌으며, 그곳의 홍차에 대한 수요가 증가하면서 중국, 인도 다음으로 세계 제3위 생산국이 되었다(FAO, 2019).

케냐에서 차나무는 해발고도 2700m에 이르는 고지—그레이트리프트밸리 고원의 붉은색 화산토—에서 자란다. 적도 바로 위에 자리를 잡은 위치 때문에 케냐에서 차나무가 재배되는 지역은 비가 많고 햇빛이 풍부할 뿐만 아니라 해발고도가 높은 탓에 기온도 서늘하다. 이들은 차나무의 성장에 이상적인 조건이며, 따라서 연중 수확이 가능하다.

케냐에서는 중국 원산의 시넨시스 품종 차나무가 재배된다. 이로부터 약 5%의 오서독스 방식의 홍차가 생산되고, 나머지는 모두 CTC 방식의 홍차(21쪽 참조)가 생산된다. 케냐의 CTC 방식의 홍차는 원만한 블렌드를 연상시키는 친숙한 향미를 자아냄으로써 고전적인 모닝 티로 인기가 높다. CTC 홍차라도 입자성이 큰 것은 티백이 아니라 잎차로 우려내 마신다.

티는 주로 그레이트리프트밸리(Great Rift Valley)의 양쪽, 케리초(Kericho), 난디(Nandi), 니에리(Nyeri), 무랑가(Muranga) 등의 0.4헥타르도 되지 않는 소규모 차밭에서 재배된다. 소규모 차밭을 케냐의 티 산업에 참여시키는 데 성공한 것은 케냐 티개발국(KTDA)의 업적이다.

수확
케냐 티의 거의 90%는 찻잎을 손으로 따서 CTC 방식으로 생산된다.

케냐의 티 생산 현황

세계 티 생산량에서 점유율 :	**7.9%**
수확기 : **1월~12월**	주요 티 종류 : **홍차, 녹차, 백차**
	해발고도 : **높음**

유명한 사항 :
넓은 대지의 대량 수확 산지

자극적이고 풍부한 향미의 홍차 마리닌(Marinyn)은 니에리와 빅토리아호 사이의 케냐 고원에서 재배된다.

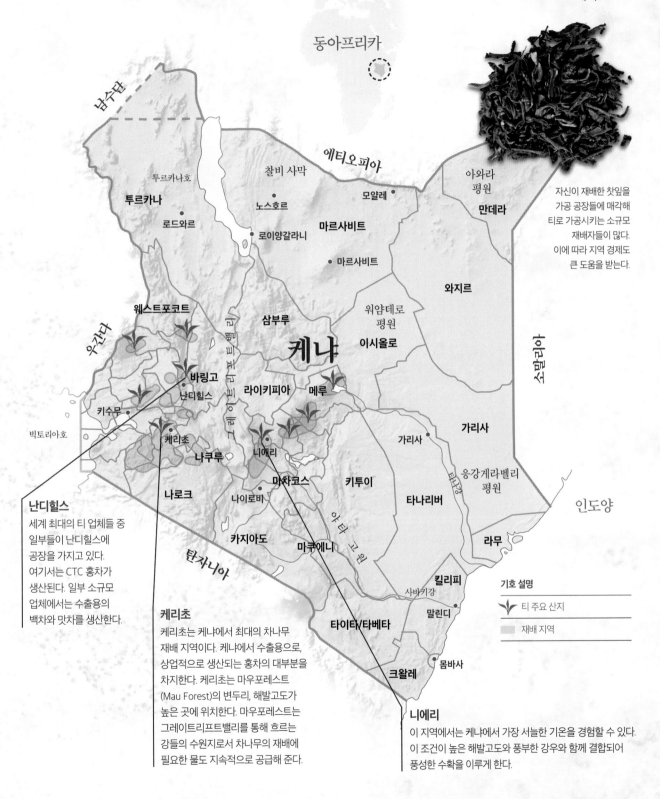

동아프리카

남수단

투르카나호

투르카나

로드와르

찰비 사막

노스호르

로이앙갈라니

에티오피아

모얄레

마르사비트

마르사비트

아와라
평원

만데라

와지르

소말리아

자신이 재배한 찻잎을
가공 공장들에 매각해
티로 가공시키는 소규모
재배자들이 많다.
이에 따라 지역 경제도
큰 도움을 받는다.

웨스트포코트

우간다

삼부루

케냐

위암데로
평원

이시올로

바링고

난디힐스

라이키피아

메루

키수무

빅토리아호

케리초

나쿠루

니에리

가리사

가리사

응강게라벨리
평원

인도양

나로크

나이로비

마차코스

키투이

타나리버

라무

카지아도

마쿠에니

사바키강

킬리피

말린디

기호 설명

티 주요 산지

재배 지역

탄자니아

타이타/타베타

크왈레

몸바사

난디힐스
세계 최대의 티 업체들 중
일부들이 난디힐스에
공장을 가지고 있다.
여기서는 CTC 홍차가
생산된다. 일부 소규모
업체에서는 수출용의
백차와 맛차를 생산한다.

케리초
케리초는 케냐에서 최대의 차나무
재배 지역이다. 케냐에서 수출용으로,
상업적으로 생산되는 홍차의 대부분을
차지한다. 케리초는 마우포레스트
(Mau Forest)의 변두리, 해발고도가
높은 곳에 위치한다. 마우포레스트는
그레이트리프트밸리를 통해 흐르는
강들의 수원지로서 차나무의 재배에
필요한 물도 지속적으로 공급해 준다.

니에리
이 지역에서는 케냐에서 가장 서늘한 기온을 경험할 수 있다.
이 조건이 높은 해발고도와 풍부한 강우와 함께 결합되어
풍성한 수확을 이루게 한다.

인도네시아

열대 기후와 화산토가 많은 인도네시아는 차나무의 재배에 좋은 곳이며, 평균적으로 연간 13.7만 톤의 티를 산출한다(FAO, 2019). 짙은 색깔과 풍부한 풍미의 홍차로 가장 잘 알려져 있다.

네덜란드인이 처음으로 1684년 인도네시아에 중국종 차나무의 씨를 심었다. 그런데 이 차나무는 제대로 자라지 못했고, 1800년대 중반에 이르러서야 아삼종이 인도네시아의 열대 기후에 더 적합한 사실을 발견했다. 19세기 후반에 비로소 약간의 홍차가 처음으로 유럽에 보내졌다. 티 생산은 그 뒤 수십 년 동안 왕성했지만, 제2차 세계 대전 동안 일본이 이들 섬을 점령하면서 침체되었다. 다원들은 황폐해졌고 복원되지 않았다. 그러다가 1980년대에 이르러 정부가 주도하는 활성화 계획에 힘을 얻어 티 생산이 부활했다. 티는 이제 인도네시아 농산물의 17%를 차지하고 있다. 비록 좋은 우롱차와 녹차도 일부 생산되고 있지만, 인도네시아는 언제나 향미가 풍부한 홍차로 가장 잘 알려져 왔다.

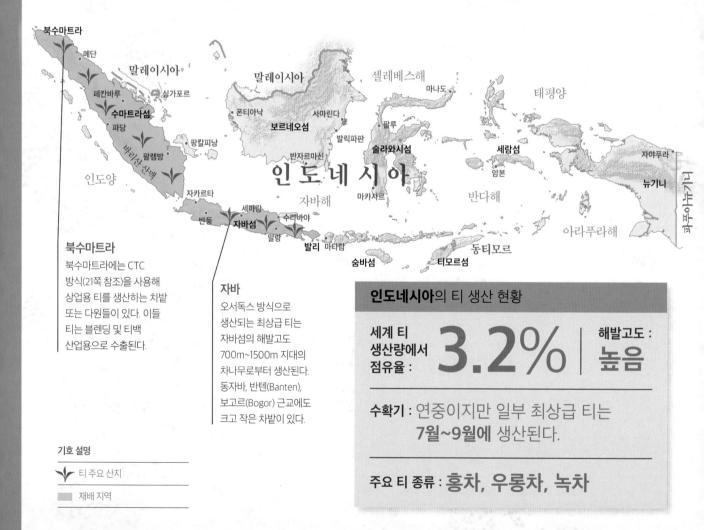

북수마트라

북수마트라에는 CTC 방식(21쪽 참조)을 사용해 상업용 티를 생산하는 차밭 또는 다원들이 있다. 이들 티는 블렌딩 및 티백 산업용으로 수출된다.

자바

오서독스 방식으로 생산되는 최상급 티는 자바섬의 해발고도 700m~1500m 지대의 차나무로부터 생산된다. 동자바, 반텐(Banten), 보고르(Bogor) 근교에도 크고 작은 차밭이 있다.

기호 설명

❤ 티 주요 산지

▨ 재배 지역

인도네시아의 티 생산 현황

| 세계 티 생산량에서 점유율 : | 3.2% | 해발고도 : 높음 |

수확기 : 연중이지만 일부 최상급 티는 7월~9월에 생산된다.

주요 티 종류 : 홍차, 우롱차, 녹차

타이

타이에서는 티 산지가 북부의 작은 지역에
집중되어 있지만, 훌륭한 품질의
우롱차, 녹차, 홍차가 지속적으로 생산되고 있다.

1960년대에 타이완에서 중국종 차나무의 꺾
꽂이모를 들여온 중국인이 타이에서 차나무
의 재배를 시작했다. 그 뒤 타이에서는 타이완
의 꺾꽂이모로부터 타이완보다 서늘한 그곳
의 산지에 적합한 새로운 품종을 도입했다. 차
나무는 현재 북부의 치앙라이(Chiang Rai)와
치앙마이(Chiang Mai), 특히 도이매살롱(Doi
Mae Salong)에서 재배되고 있다. 타이의 우롱
차도 타이완의 우롱차와 비슷한 방식으로 생
산되며, 보통 산화도는 중간 정도이다. 흔히
꽃과 같은 향기와 풀과 같은 맛이 있으며, 크
림이나 견과류와 같은 뒷맛을 남긴다고 한다.

도이매살롱
미얀마와의 국경이
가까운 이 지역은
티 생산의 중심지로
해발고도는 1200m
이상이다.
우롱차, 녹차,
홍차가 이 지역에서
생산된다.

기호 설명

티 주요 산지

재배 지역

타이의 티 생산 현황

**세계 티 생산량에서
점유율 :**
1.7%

**수확기 :
3월~10월**

주요 티 종류 :
우롱차,
녹차, 홍차

**해발고도 :
중간**

**유명한 사항 :
꽃향기가 나는 우롱차,**
타이완과의 연구 개발 협력

모로코의 티 문화

민트를 넣고 우려낸 달콤한 녹차를 마시는 관습은 19세기 때
영국 상인들에 의해 건파우더 티(Gunpowder tea)(주차, 珠茶)가 소개된
모로코에 기원한다. 불과 150년 만에 티를 마시는 일은
이제 모로코 문화의 본질적인 일부가 되었다.

'마그레비 티(Maghrebi tea)'라고도 알려진 모로코 민트 티는 튀니지, 알제리, 모로코 등을 통틀어 가리키는 마그레브 지역에서 인기가 높다. 이 티는 1860년대에 처음 모로코에 수입된 건파우더 녹차를 사용한다. 모로코인들은 곧 이 녹차가 민트와 설탕과 혼합되면 상쾌하고 향이 짙은 음료가 되는 것을 알아차렸다.

북아프리카에서는 티가 항상 사업상 순서의 맨 앞에 내세우는 것일 정도로 손님들이 방문하면 그들에게 티를 대접하는 것이 관례가 되어 있다. 보통 여성들이 준비하는 마그레비 음식과 달리, 티는 그 집안의 남자가 끓여 대접한다. 티의 접대를 거절하면 무례한 행위로 여겨진다.

안주인은 2테이블스푼 분량의 건파우더 찻잎을 전통적인 모로코 스타일의 스테인리스제 찻주전자에서 끓는 물로 '세차(洗茶)'하는 일부터 시작한다. 이렇게 하면 티의 쓴맛을 내는 작은 찻잎 가루를 제거하는 데 도움이 된다. 그 뒤 12개의 각설탕과 갓 으깬 싱싱한 민트 잎을 찻주전자에 넣고 물 800mL로 2~3분 동안 우린다. 그런 다음 찻주전자를 버너에 올리고 설탕을 졸이고, 싱싱한 민트 잎이 붙은 잔가지를 보석과도 같은 색상의 전통적인 유리잔-'키산(keesan)'이라고 알려져 있다-속에 넣는다. 마지막으로 높이 약 60cm에서 과장된 동작으로 티를 키산에 따라 거품이 일도록 한다.

전통적으로 티는 세 번 우려낸다. 찻잎이 계속 우려지면서 매번 서로 다른 향미를 자아낸다. "첫 잔은 생명처럼 부드럽고, 둘째 잔은 사랑처럼 진하고, 셋째 잔은 죽음처럼 쓰다."는 속담도 있다.

달콤한 설탕과
톡 쏘는 듯한 민트의 향이
티의 강한 향미와
균형을 이룬다.

모로코 민트 티는 석탄불 위에 올려놓고 가열할 수 있는 금속제 찻주전자 '브레드(bred)'로 끓여 대부분의 모로코 가정에서 갖추고 있는 전통적인 유리잔인 '키산'에 낸다.

미국

지리적으로 다양한 차나무 재배 지역과 매우 대조적인 기후 때문에
미국에서 차나무를 재배하는 일은 큰 도전이었다. 그러나 전국적으로
다원에 대한 투자가 이루어짐으로써 티의 생산도 증가하고 있다.

미국 정부에서는 1880년대에 조지아주와 사우스캐롤라이나주에서 차나무를 재배하는 실험에 나섰다. 이들 다원은 수십 년 만에 기후 문제나 높은 생산비 때문에 실패로 돌아갔다. 그 뒤 전국적으로 다수의 다원에서 차나무를 심었고, 마침내 긍정적인 결과를 얻었다. 특히 사우스캐롤라이나의 찰스턴 차농장(Charleston Tea Plantation)은 확고한 위치를 차지하면서 이제 백악관의 공식 티까지 조달하고 있다. 미국은 전국적으로 토질이나 기온이 매우 다양하기 때문에 일관된 수확을 기대하는 일은 어렵다. 따라서 농부들은 각지의 기후에 알맞은 품종의 차나무를 찾기 위해 여러 종류의 품종들로써 실험을 거듭하고 있다. 미국에서 차나무를 재배하는 전체 면적 364ha 정도 가운데 대부분이 시원한 바닷바람의 혜택을 받는 연안주에 위치한다. 사우스캐롤라이나, 앨라배마, 캘리포니아, 오리건, 워싱턴, 하와이 등의 다원들이 생산성 있는 수확을 거두면서 상업적인 판매도 시작했다. 미시시피주의 새 다원들에서도 차나무의 재배에 성공하였다.

하와이

하와이 제도 주위에는 50개의 차밭이 20ha의 면적을 차지하고 있다. 그들 대부분은 하와이섬에 위치한다. 화산토가 풍부하고 산이 많은 지형과 풍부한 강우량은 고품질의 백차, 녹차, 홍차, 우롱차 등의 생산에 적합하다. 하와이의 티는 세계에서 가장 높은 가격을 받는 편에 속한다. 하와이의 차밭 가운데는 런던의 해로즈백화점에 티를 1kg당 1만 750달러에 납품하는 곳도 있다.

미국의 티 생산 현황

세계 티 생산량에서 점유율 :	**유명한 사항 :**
# 0.009%	**면적이 1-81ha로 크기가 다양한 새로운 차밭의 등장**
주요 티 종류 : **홍차**, 녹차, 우롱차	
수확기 : 4월-10월	**해발고도 : 낮음-높음**

시원한 기온
미시시피주에 있는 이 차밭에서는 추운 기후에 적응할 차나무를 재배하려고 시도하고 있다. 이들 어린 꺾꽂이모는 3~4년 이내에 수확할 수 있을 것이다.

북아메리카

미국에서 차나무는 연안주를 따라 약 64ha의 면적에 걸쳐 재배된다.

워싱턴과 오리건
이들 2개 주의 티는 2ha의 차밭에서 재배되어 고품질의 티로 생산된다. 녹차, 백차, 우롱차가 생산된다.

캐나다

시애틀
워싱턴

몬태나
노스다코타
미네소타
메인
버몬트
뉴햄프셔

오리건

아이다호

위스콘신
미시간
뉴욕
매사추세츠
콘네티컷 로드아일랜드
뉴욕
펜실베이니아 뉴저지

로키산맥

와이오밍
사우스다코타
미니아폴리스
아이오와
시카고
오하이오
워싱턴 DC 델라웨어

네브래스카
미주리강

샌프란시스코

네바다
일리노이
인디애나
웨스트 버지니아
메릴랜드
버지니아

미국

캘리포니아
유타
콜로라도
캔자스
켄터키
노스캐롤라이나

로스앤젤레스

애리조나
뉴멕시코
오클라호마
미주리
테네시
아칸소
사우스캐롤라이나

태평양

미시시피강

조지아

대서양

텍사스
루이지애나
미시시피
앨라배마

오스틴

멕시코
뉴올리언스

멕시코만

플로리다

재배되는 차나무는 대체로 아삼종이나 중국종의 자연 잡종들이다.

기호 설명

- 티 주요 산지
- 재배 지역

미시시피
그레이트미시시피티컴퍼니(Great Mississippi Tea Company)라는 기업농이 2014년 미시시피 주립대학교의 협조를 받아 117ha의 면적에 3만 그루가 넘는 차나무를 심었다. 또한 이 새로운 기업농에서는 채집과 잡종 교배 시험은 물론 병충해 방지 등이 체계적으로 관리되고 있다.

사우스캐롤라이나주 워드맬로섬
아열대 기후와 연간 강우량 1320mm인 이 섬은 티의 생산에 이상적이다. 면적 52ha의 차밭에서 기계로 수확되는 찻잎은 현지에 있는 공장에서 오서독스 방식으로 홍차로 가공된다.

PART 4
티잰
(Tisane, 대용차)

티잰이란 무엇인가?

병을 치료하는 효과뿐만 아니라 몸과 마음을 안정시키고 활기를
되찾아 주는 향 때문에 마시는 티잰들은 대부분 향이 좋은 허브나 식물을
끓이거나 우린 것이다. 뜨겁게 또는 차게 해서 내는 이들 음료는
카페인 음료를 대체할 만큼 훌륭한 맛을 지닌다.

'티'인가, '티잰'인가?

수많은 사람들이 믿고 있는 것과는 달리 허브를 뜨겁게 끓인 음료가 모
두 티의 범주에 넣을 수 있는 것은 아니다. 티잰을 가끔 '허브티(heabal
tea)'라고 잘못 말하기도 하지만, 차나무의 찻잎으로 만드는 것이 아니
기 때문에 엄격한 의미에서는 '티(tea)'가 아니다. 오히려 다른 여러 식물
의 온갖 부분—껍질, 줄기, 뿌리, 꽃, 씨, 열매, 잎 등—을 우려낸 것이다.
예르바마테(yerba mate)를 제외하고는 티잰에는 카페인이 함유되어 있
지 않다.

티잰의 치유력

여러 세기에 걸쳐 중국의 전통 의학이나 인도의 아유르베다 의학에서
는 다양한 병증을 치료하기 위해 치유 효과가 있는 허브들을 사용하였
다. 서양에서 허브를 우린 티잰의 인기가 높아짐에 따라 해독하거나 마
음을 안정시키거나 수면을 유도하거나 감기나 독감의 증상을 치료하는
데 도움이 되는 웰빙 블렌드와 혼합물이 이제는 티 전문점과 슈퍼마켓

티잰의 효능
향기 요법의 특성을 지닌 티잰은 몸과
마음을 달래고 활기를 되찾아 준다.

에서도 널리 구할 수 있게 되었다. 실제로 어쩌면 거의 모든 질병에 마
실 만한 블렌드나 티잰이 있을 정도이다.

식물과 허브에는 복잡한 화학 작용이 숨어 있기 때문에 기존 의학과
제대로 융화되지도 못하고 알레르기와 같은 증상 등은 더욱더 악화시
킬지도 모른다. 따라서 치료 계획의 일부로 티잰을 사용하기로 결정을
내리기 전에는 항상 의사 등 전문가와 미리 상의해야 한다.

허브 전문가

니컬러스 컬페퍼(Nicholas Culpeper, 1616~1654)는 영국의 의사, 약제사,
점성술사, 식물학자 등이었다. 그가 저술한 수백 종의 티잰 재료와 그
의학적 성질에 대한 개요서인 『허브 전서(Complete Herbal)』는 출판된
뒤 허브 분야에서 참고서로 사용되어 왔다. 당시 알려져 있던 모든 티잰
의 재료가 질병을 치료하기 위한 특별한 지침과 함께 상세하게 다루어
져 있다. 런던의 스피털필즈에서 의사로 지내면서 그는 점성술사와 약
제사로서의 지식을 결합해 환자들을 치료했다. 이와 같은 이유로 당시
에 그는 의료 분야에서 과격파로 몰렸다.

가정상비약
천연의 치유력을 지닌 티잰은 흔한
질병에 손쉽게 처방할 수 있는
가정상비약이다.

라벤더(lavender), 히비스커스(hibiscus), 로즈힙(rose hip)이 블렌딩된 것은 풍부한 비타민 C의 강력한 효능으로 감기 치료에 도움이 된다.

식물 뿌리

식물의 생명선으로서 뿌리는 토양으로부터 양분을 끌어들여 그들을 잎과 꽃으로 운반한다. 섬유질의 굵은 뿌리에는 강력한 유기물이 들어 있어 티잰을 만드는 훌륭한 재료가 된다.

뿌리에는 유기물, 곤충, 양분 등 그 자체의 미시 세계가 있는데, 이는 건강에 도움이 되는 특성이다. 온대 지역에서 자라는 식물의 뿌리는 토양으로부터 양분을 흡수하며, 식물의 물질대사가 느려지는 겨울에는 그들을 저장해 둔다. 그러한 식물은 생기를 찾는 봄철의 건조한 날에 채집하는 것이 가장 좋다. 뿌리는 너무 굵거나 부드럽지 않으면 매달아 말리거나 건조기로 서서히 말린다. 건조하기 전의 생뿌리도 쉽게 구입할 수 있다.

우엉 뿌리(burdock root)
(Arctium)

껍질이 꺼끌꺼끌한 씨, 즉 스칠 때 의류 등에 달라붙는 씨를 만드는 식물 우엉의 일부인 곧은뿌리는 길이 60cm까지 자란다. 거기에는 결장에 살아가는 미생물의 건강을 유지시키는 화합물인 이눌린(inulin)이 들어 있다. 우엉 뿌리는 여드름과 관절통을 치료하는 데 사용되고 있으며, 이뇨제와 피를 맑게 하는 약제로도 사용된다. 그것은 또 간을 정화하는 데 도움을 주기 때문에 가끔 해독용 티잰에도 사용된다.

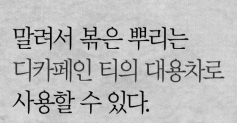

말려서 볶은 뿌리는 디카페인 티의 대용차로 사용할 수 있다.

유럽감초/리코리스(liquorice)
(Glycyrrhiza glabra)

이 섬유질 뿌리를 우린 티잰에서는 단맛이 난다. 목구멍과 허파의 점막에 생기는 염증을 완화하고, 감기 증상을 치료함으로써 호흡기의 건강을 개선할 수 있다. 또한 이와 비슷한 방법으로 위와 장의 병을 치료하는 데 도움이 된다. 유럽감초는 또한 해독제와 기분을 돋우는 강장제로도 사용된다.

치커리(chicory)
(Cichorium intybus)

아름다운 푸른색의 꽃으로 확인할 수 있는 야생 치커리의 뿌리도 가끔 티잰에 사용된다. 치커리에도 우엉 뿌리(왼쪽 페이지)처럼 미생물의 성장을 강력하게 촉진하는 성분인 이눌린이 함유되어 있다. 치커리는 해독 작용을 하고, 면역계 강화에 도움을 주며, 소염 효능 때문에 관절염 치료에도 사용된다. 또한 진정 효능이 있어 수면을 돕는 티잰에 사용되기도 한다.

민들레 뿌리(dandelion root)
(Taraxacum officinale)

가끔 잡초로 간주되는 민들레는 염증을 치료하는 성질과 통증과 부기를 가라앉히는 능력 때문에 티잰의 재료로 자주 사용된다. 또한 소화를 돕고, 몸에 유익한 장내 세균을 지원하기도 한다.

생강(ginger)
(Zingiber officinale)

조리용 향신료로 널리 사용되는 생강은 허브티의 인기가 높은 재료이다. 소염제이기도 하며, 몸을 해독시키는 데 도움이 된다. 테르펜과 생강유를 함유해 혈액 순환을 자극하고 림프계를 정화하는 것을 돕는다. 따라서 생강 뿌리는 소화기 질병, 메스꺼움, 감기나 독감 증상의 치료를 돕는 데에도 사용된다.

나무껍질

나무껍질은 뿌리와 마찬가지로 식물에 영양분을 운반한다. 비록 나무 가운데서 흔히 이용되는 부분은 아니지만, 여러 종류의 나무껍질이 각각의 인퓨전에 독특한 향미와 건강상의 효능을 자아내기 때문에 티잰의 재료로 인기가 높다.

나무껍질의 내부는 나무에 양분을 주고 몸을 지탱시켜 주는 그 나무의 동력실인 반면에, 줄기의 가장 안쪽 고리는 나무를 구조적으로 지원한다. 부적절하게 나무껍질을 벗기면 나무를 영구적으로 손상시킬 수 있기 때문에 직접 채집하는 것은 바람직하지 않다. 재배된 나무들로부터

벗긴 나무껍질을 구입하는 것이 가장 좋다. 나무껍질을 그 자체로 사용하든, 아니면 다른 허브와 함께 사용하든 탕약(145쪽 참조)의 재료로 사용할 수 있다. 나무껍질을 다른 허브와 함께 사용할 때 나무껍질의 탕약을 더하기 전에 말린 허브를 끓는 물에 적어도 5분 동안 우린다.

야생 체리(wild cherry)
(Prunus avium)

야생 체리의 나무껍질은 기침을 진정시키는 효능이 있으므로 여러 제약 회사에서 기침약의 재료로 사용한다. 또한 감염에 의한 염증을 줄이는 프루나신(prunasin)도 함유하고 있다. 톡 쏘는 듯한 맛, 때로는 쓴맛도 지니고 있다. 따라서 더 훌륭한 맛을 내는 허브나 과일과 함께 블렌딩해서 사용하는 것이 좋다.

시나몬(cinnamon)
(Cinnamomum verum)

실론계피나무의 껍질인 시나몬의 항산화 특성은 감기나 독감의 증상을 치료하는 데 사용된다. 또한 항균 특성은 복부 내의 가스 발생을 감소시키고 식욕을 자극함으로써 소화를 돕는다. 이 향신료는 조금씩 섭취해야 한다. 자연 단맛을 내는 쿠마린(coumarin)이 함유되어 있어 과도하게 섭취하면 간을 손상시킬 수 있기 때문이다. 시나몬에는 카시아(*C. cassia*)(동양에서 계피)와 베룸(*C. verum*)(시나몬)의 두 종이 있다. 스리랑카에서 재배되는 실론계피나무는 쿠마린의 함유량이 적기 때문에 향미가 뛰어난 것으로 간주된다. 따라서 티잰으로 우려내 마시기에 좋다.

버드나무 껍질(willow bark)
(Salix alba)

통증 치료제로서 사용된 가장 오래된 약초 가운데 하나인 버드나무 껍질에는 살리신(salicin)이 함유되어 있다. 그것은 몸속에서 살리실산으로 변환되면서 통증을 완화시키는 데 도움을 준다. 이 살리실산은 종래의 진통제인 아스피린을 만드는 데에도 사용된다. 버드나무 껍질을 우린 티잰은 소염 효능이 있어 감기와 독감의 증상, 두통, 통증, 발열 등의 완화에 좋다.

이 나무껍질은
기분을 가라앉히고
통증을 완화하며
항산화 특성이 있기 때문에
가장 훌륭한 '감기약'이다.

느릅나무의 속껍질(slippery elim)
(Ulmus fulva)

점액질이 풍부한 느릅나무의 속껍질은 마음을 진정시키는 효능이 있다. 또한 입안, 목구멍, 위, 내장 등의 표피 조직을 감싸고 이완시켜 항염 효능이 있다.

꽃

싱싱하거나 건조시킨 꽃 또는 꽃잎은 가끔 색상이나 향미를 더해 주기 때문에 티잰에 사용된다. 그들 가운데는 또한 소염 효능과 해독성이 있기 때문에 티잰에 시각적 효과를 주는 것보다 훨씬 더 많은 기여를 한다.

캐모마일(chamomile)
(Matricaria chamomilla)

키가 작고 데이지 같은 꽃인 캐모마일은 자갈 속에서도 피고, 보도블럭의 틈새에서도 자란다. 매우 부드러운 진정 효능이 있기 때문에 불면증과 불안증 등의 치료에 사용되고, 또한 면역의 증강이나 근육의 이완에도 효과가 있다. 캐모마일에서 풍기는 파인애플과 비슷한 향긋한 냄새는 마음을 진정시키는 효능이 있다.

캐모마일

엘더플라워(elderflower)
(Sambucus nigra)

엘더플라워는 딱총나무(elder)의 꽃이다. 우산 모양의 흰색 꽃송이는 5월에 꽃을 피운다. 소염 효능이 좋은 것으로 알려진 이 꽃은 건조시켜 몸을 해독하고 감기와 독감의 증상을 예방하는 티잰에 사용된다. 달고 향기로운 엘더플라워는 티잰에 맛을 더해 준다.

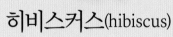

히비스커스(hibiscus)
(Hibiscus sbadariffa)

히비스커스는 짙은 붉은색과 시큼털털한 향미를 더해 주기 때문에 허브의 티잰에 흔히 사용되는 재료이다. 거기에는 붉은색과 자주색의 과일이나 채소에 색소를 더해 주는 유기 화합물 안토시아닌(anthocyanin)이 들어 있다. 연구에 의하면, 히비스커스는 혈압을 강하하고 콜레스테롤을 적정 수준으로 유지하는 데 효능이 있다고 한다. 히비스커스의 꽃에는 또한 소염 작용이 있는 퀘르세틴(quercetin)이 함유되어 관절염의 증상을 완화시키고, 소화도 돕는다.

라벤더(lavender)
(Lavandula angustifolia or Lavandula officinalis)

라벤더는 기분을 고조시키는 향으로 유명하다. 뜨겁게 우려낸 티잰 속에서 레몬밤(lemon balm)과 결합되면, 두통을 완화시키는 데 도움이 된다. 라벤더는 불면증, 발열, 불안, 스트레스, 감기와 독감의 증상, 그리고 소화 불량 등을 치료하는 효능이 있다.

라벤더

레드클로버(red clover)
(Trifolium pratense)

레드클로버에는 넥타와 같은 달콤한 맛이 있다. 거기에 함유된 이소플라본(isoflavone)이라는 수용성 화학 성분은 에스트로겐과 같은 특성이 있어 폐경기 여성의 여러 증상을 감소시키는 데 도움이 된다. 또한 나쁜 콜레스테롤(LDL)을 낮추고, 좋은 콜레스테롤(HDL)을 증대시켜 심장의 건강을 개선하는 데 도움이 된다고 알려져 있다.

린덴플라워(linden flower)
(Tilia vulgaris)

피나무의 꽃을 영어로 '라임플라워(lime flower)' 또는 '린덴플라워(linden flower)'라고 한다. 이 꽃에는 알레르기 반응의 치료에 사용되기도 하는 항히스타민이 함유되어 있다. 또한 강력한 항산화 성분인 퀘르세틴이 함유되어 있어 DNA를 손상시키는 활성산소를 중화시키고 소염 효과를 내기도 한다. 린덴플라워는 기침, 감기, 독감의 증상을 치료하는 약물로 사용되어 왔다. 이 꽃은 향기가 좋고, 티잰으로 우리면 꽃처럼 향긋한 향미를 자아낸다.

잎

허브의 잎에는 건강에 이로운 당분, 단백질, 효소 등이 결합되어 있다.
그들은 또한 몸과 마음을 진정시키고 활기를 불러일으키는 등의 역할을 하는
맛과 향을 낸다. 바로 이 때문에 다양한 허브의 잎이 티잰에 사용되는 것이다.

레몬밤(lemon balm)

(Melissa officinalis)

이름으로도 알 수 있다시피 꿀풀과에 속하는 이
허브에는 레몬과 같은 맛과 향이 있다. 이것은
불안과 초조를 진정시키고 감기와 독감 증상을
치료하는 진정 성분으로 사용된다.

레몬버베나(lemon verbena)

(Aloysia triphylla)

간단히 '버베인(vervain)'으로도 알려진 레몬버베나에
는 레몬과 같은 강한 방향유가 있어 발열과 감기 증
상을 완화시키는 데 도움을 주고, 신경을 안정시키며
소화도 돕는다.

민트(mint)

(Lamiaceae)

페퍼민트와 스피어민트를 포함하는 민트의 잎
들은 수백 년 동안 두통을 완화시키고 소화를
돕는 데 사용되어 왔다. 식도 역류 증상이
있는 경우에는 복용하면 상태가 악
화되므로 피해야 한다.

뽕잎(mulberry leaf)

(Morus nigra)

일본의 티잰에 가끔 사용되는 뽕잎은 놀라울 정도
의 단맛이 나며, 기침이나 감기와 독감 증상, 발열,
인후염, 두통 등 여러 가지 질병을 완화시키는 데
도움이 된다.

레드루이보스(red rooibos)
(Aspalathus linearis)

'레드부시(redbush)'로도 알려진 관목의 잎을 산화시킨 이 허브티는 주로 디카페인 음료로서 홍차 대신에 마신다. 또한 산화되지 않은 그린루이보스(green rooibos)도 구할 수 있다. 이 허브에는 과일, 향신료, 다른 향미와 잘 어울리는 중성적인 성분이 있다. 루이보스에는 항산화 성분이 들어 있어 불면증, 소화, 혈액 순환 등의 치료에 도움이 된다. 루이보스는 남아프리카공화국의 웨스턴케이프(Western Cape) 지방에서만 자란다.

툴시(tulsi)
(Ocimum tenuiflorum)

인도 원산의 허브로서 '홀리바질(holy basil)'이라고도 하는 툴시의 잎에는 강한 항산화 성분, 달콤한 향미와 방향이 있다. 두통, 감기와 독감의 증상, 불안을 해소하는 데 사용되어 왔다. 또한 집중력을 상승시키고 기억력을 증진시키는 효능도 있다. 툴시는 토양으로부터 독성이 있는 크롬을 흡수할 수 있으므로 유기적인 공급원으로부터 그것을 구입해야 한다.

바질(basil)
(Ocimum basilicum)

바질은 일반가정의 식료품 이상의 것이다. 산화 방지 효능이 높은 강력한 소염제이며 감기와 독감의 증상을 치료하는 데 큰 도움이 된다. 달콤한 감초와 조합된 향긋한 향미로 인해 허브 블렌딩의 흥미로운 재료가 된다.

예르바마테(yerba mate)
(Ilex paraguariensis)

대체로 브라질과 아르헨티나에서 재배되는 이 상록수의 잎은 카페인의 함유비가 높다. 담배와 녹차의 향미를 희미하게 자아내며, 정신적 에너지를 높이고 기분을 개선해 준다고 알려져 있다.

박(gourd)과 봄비야(bombilla)
예르바마테는 전통적으로 호리병 같은 박(gourd) 속에 넣어 우려낸 뒤 '봄비야(bombilla)'라는 빨대로 홀짝거리면서 마신다.

열매와 씨

강력한 건강 증진의 효능이 있는 비타민과 미네랄이 풍부한 열매와 씨는
티잰의 치유 효능을 강화할 뿐 아니라 맛까지 선사해 준다.

블루베리(blueberry)

*(일반적으로 Vaccinium cyanococcus, 그리고 특정적으로는
야생 블루베리 Vaccinium angustifolium)*
블루베리의 푸른색이 감도는 짙은 보라색 성분은 세포나
심혈관의 건강과 인지력의 증진에 도움을 준다. 이는 항산
화 성분인 안토시아닌(anthocyanin)의 존재를 가리킨다. 블
루베리에는 또 눈의 건강과 관련이 있는 카로티노이드계
(carotenoid)의 색소인 루테인(lutein)도 함유되어 있다.

블루베리

엘더베리(elderberry)

(Sambucus nigra)

이 짙은 쪽빛 베리류는 딱총나무(138쪽 참조)의 열매이다. 이 열매에는
강한 항산화 성분인 안토시아닌과 더불어 면역력을 강화하는 퀘르세틴
이 함유되어 있다. 전통적으로 기침과 감기를 치료하는 데 사용되어 왔
다. 또한 눈과 심장의 건강 증진에도 좋다. 짙은 보라색으로 완전히 익
은 열매만 따야 하며, 녹색이나 부분적으로만 익은 열매나 줄기는 독성
이 있기 때문에 섭취를 피해야 한다. 티잰으로 우려내는 열매는 잘 건조
시켜 탈수시켜 사용한다.

시트러스 필(citrus feel)

감귤나무아과의 열매인 감귤의 껍질을 건조시키거나 갓 강판에
간 시트러스 필은 티잰으로 우려내 마실 수 있다. 주로 소화기와
호흡기에 효능이 있고, 인후염, 독감, 관절염 등을 완화시킨다.
광택제를 바르거나 살충제를 사용한 것은 유해성이 있어 피하
고 가능하면 유기농으로 재배된 것을 고른다.

로즈힙(rose hip)
(Rosa canina)

최상의 들장미 열매, 즉 로즈힙은 전 세계 각지의 산울타리에서 야생한 것에서 대부분 채집되지만, 간혹 변종 장미에서도 얻을 수 있다. 대부분의 건강 식품점이나 티 전문점에서도 구비하고 있다. 로즈힙에는 비타민 C, 항산화 성분, 카로티노이드 등이 함유되어 감기와 독감, 두통, 소화 불량을 완화시키는 것으로 알려져 있다. 이 로즈힙은 또 항산화 성분과 바이오플라보노이드를 많이 함유해 피부 영양에도 좋다. 소염 특성도 있어 관절염으로 인한 부종을 누그러뜨리는 데 효험이 있다.

카르다몸(cardamom)
(Elettaria cardamomum)

동남아시아가 원산인 카르다몸은 키가 3m까지 자랄 수 있다. 그 씨의 꼬투리에는 작은 검은색 씨가 들어 있는데, 그 씨를 잘게 부수어 티잰에 넣는다. 카르다몸은 소화를 돕고 감기나 독감의 증상을 치료하는 데도 도움이 된다. 또한 천연 이뇨제와 산화 방지제의 역할도 하며, 해독과 소염의 효능도 높다.

펜넬(fennel)
(Foeniculum vulgare)

'회향'이라고도 하는 펜넬은 감초의 향미를 지니고 소화를 촉진하기 때문에 식후 티잰에 적합하다. 펜넬의 씨에는 면역력을 강화해 주는 플라보노이드 성분인 쿼르세틴이 함유되어 있다. 이 쿼르세틴은 소염 효능이 있어 펜넬은 관절염 증상을 완화시키는 데 도움이 된다.

펜넬

티잰의 준비

티잰의 매력 중 일부는 그 준비 과정에 있다. 일반 가정에서 직접 티잰을 만들면 다양한 재료,
그들의 건조 및 보관 방법과 친숙해짐으로써 한층 보람 있는 경험을 누릴 수 있다.

재료의 발견

티잰으로 우리는 데 사용할 허브, 향신료, 열매 등은 모두 건강식품 전
문점에서 온라인으로 쉽게 구입할 수도 있지만, 로즈메리, 민트, 세이지,
타임 등은 일반 가정의 앞뜰에서 재배할 수도 있다. 생강, 정향(클로브),
시나몬 등과 같은 재료는 일상적으로 주방에서 사용되는 것들이다.

재료를 직접 채집하려고 할 때 주의할 점은 식물들이 자동차 배기가
스에 노출되어 몸에 해로울 것이기 때문에 길가에서 자라는 것이나 화
학 비료나 살충제 등이 사용된 곳에서 자라는 것은 채취를 피해야 한다
는 것이다. 뿌리를 채집할 때는 곁에서 자라는 다른 식물들을 손상시키
지 않도록 해야 한다. 또한 꽃집에서 구입한 꽃은 절대 티잰에 사용해서
는 안 된다. 꽃집에서는 보통 살충제를 많이 뿌리기 때문이다.

손질이 미리 완료된 티잰도 쉽게 구할 수 있다. 티 전문점에서는 보
통 각각의 분위기에 맞는 다양한 맛과 향을 지닌 티잰을 다양한 종류로
구비해 놓고 있다. 슈퍼마켓에서도 면역력을 증강시켜 감기 치료에도
효능이 있는 블렌드들을 비롯한 다양한 티잰을
판매하고 있다.

소염 효능
생강, 강황, 레몬을 블렌딩한
티잰은 소염 효능이 있기
때문에 관절통을
완화시키는 데
도움이 된다.

일반 가정에서 재배
캐모마일과 레몬밤은 인기가 높은 블렌딩
티잰으로서 몸을 이완시키고 사기를
북돋운다. 두 허브 모두 재배가 쉽다.

세이지(sage)
세이지를 물에 우린 티잰은
몸과 마음을 차분히 진정시키는
효능이 있어 불안과 절망감을
완화시켜 주는 것으로 알려져 있다.

방향유가 농축된
말린 재료는 뜨거운 물 속에서
유효 성분들이
재빨리 침출된다.

민트 등의 허브들은 실내에서 건조시키는 것이 가장 좋다.
이때 실내 조건은 따뜻하고 건조한 것이 이상적이다. 이 같은
조건에서는 향미와 색상을 유지하기가 쉽다.

건조와 보관

채집한 재료를 사용할 경우에는 채집한 뒤 곧바로 흐르는 찬물에서 깨
끗이 씻고 페이퍼타월로 가볍게 문질러 물기를 없앤다. 식물이나 허브
를 구이판 위에 늘어놓거나 바구니에 담고 가벼운 천이나 깨끗한 행주
로 덮어 따뜻하고 건조한 장소에 놓고 말린다. 이는 습도에 따라 다르
지만 며칠 동안 지속되기도 한다. 또는 오븐에서 매우 낮은 온도로 말
리거나 탈수기를 사용할 수도 있다. 그렇지만 전자레인지로 말려서는
안 된다. 그렇게 하면 그슬리기도 하고, 급속 가열에 의해 식물의 방향
유가 손상되기 때문이다.

　직접 따거나 말리거나 상점에서 구입한 것이거나 등 어떤 것이든
지 허브를 보관하려면 유리, 도자기, 스테인리스강 등으로 만든 밀폐
된 용기에 넣어 열이나 잡내의 영향을 받지 않도록 해야 한다.

재료 준비

과일로 티잰을 우릴 때는 싱싱한 것을 사용하는 것이 가장 좋다. 그러나
싱싱한 식물은 건조시킨 것보다 맛이나 향이 강하지 않다. 왜냐하면 방
향유나 기타 성분들은 건조시킬 때 농축되고, 이것이 뜨거운 물에서 우
려질 때 비로소 본래 상태로 강하게 추출되기 때문이다. 따라서 싱싱한
허브를 우릴 때는 건조시킨 것보다 3배나 더 많이 사용해야 같은 농도
를 볼 수 있다.

　티잰을 준비할 때 건조 허브는 작은 조각으로 부수고 각각의 허브를
잔마다 1티스푼의 분량에 맞춘다. 티잰은 항상 새로운 물로 약 5분 동안
끓여서 우린다. 티와는 달리 티잰은 종류마다 서로 다른 타이밍이 요구
되는 것은 아니다. 허브는 산화되지도 않고 건조 과정 이외에는 아무런
가공이 가해지지 않기 때문에 티에 비하면 크게 섬세하게 취급하지 않
아도 된다.

달이기

뿌리나 줄기는 향미나 양분을 침출하기 위해 뜨거운 물에 넣고 끓여야
한다. 이것이 '달이기(decoction)'라는 과정이다. 재료를 5~10분 동안 끓
인 뒤 걸러 내고 그 탕을 식혔다가 마신다.

　허브를 끓일 때는 스테인리강이나 유리로 된 주전자만 사용한다. 알
루미늄이나, 쇠, 구리로 만든 주방용품은 화학 성분이 재료가 우러난 물
에 영향을 주기 때문에 사용해서는 안 된다.

웰니스 티잰

티잰은 모든 점에서 웰니스에 좋은 음료, 그들의 약효능으로 몸과 마음을 치유해 주는 음료로 생각해도 무방하다. 후각을 자극해 좋은 감성을 불러일으키는 향으로 인하여 티잰을 단 한 방울도 채 마시기 전에 이미 몸과 마음을 치유하고 활기를 북돋운다. 향과 티잰의 전반적인 효능이 몸과 마음을 진정시켜 주는 것이다.

여기서는 캐모마일, 라벤더, 레몬버베나, 민트 등의 재료를 사용하는 티잰들이 전통적으로 어떤 용도로 사용되었는지를 소개한다. 다만 몇몇 허브들은 기존에 복용하는 약물과 심한 부조화를 이루거나 알레르기 증상을 일으키는 경우도 있다. 따라서 티잰을 우리기 전에는 반드시 의사나 약사와 상담하는 것이 바람직하다. 여성으로서 임신 중이거나 수유 중이라면 허브를 달인 티잰을 복용하기에 앞서 반드시 의사와 상담해야 한다.

해독

몸을 해독하는 데 도움이 되는 티잰은 간을 정화하고 유해한 화학 물질이나 납, 카드뮴, 수은 등의 중금속을 몸에서 배출하는 허브들로 보통 만든다. 이 과정을 '킬레이팅(chelating)'이라고도 한다. 킬레이팅을 하는 재료들은 중금속과 결합해 그들을 위와 장을 통해 몸 밖으로 배출시키는 기능이 있다. 전형적인 해독용 블렌드에는 생강, 민들레, 우엉, 감초 등이 들어간다.

미용

피부, 손발톱, 머리카락 등의 건강을 위해 마시는 티잰을 '미용 블렌드'라고도 한다. 이는 혈액 순환이나 피부 탄력성 개선에 효능이 있다. 장미 꽃잎은 피부를 활성화하는 효능이 있고, 또한 혈액 순환도 돕는다. 대나무 잎에는 피부, 머리카락, 손발톱 등의 건강을 개선할 것으로 여겨지는 식물성 실리카들이 함유되어 있다. 한편 캐모마일, 라임플라워, 레몬버베나의 잎은 피부의 전반적인 건강을 개선하는 효능이 있다고 한다.

감기

감기를 예방하는 티잰에는 항산화 성분과 비타민 C가 함유되어 있다. 인후통을 가라앉히는 것도 있고 몸을 서늘하게 해서 발열 등의 감기 증상을 다스리는 것도 있다. 강력하고 약과 같은 쓴맛이 나는 혼합물을 기대하는 사람도 있겠지만, 엘더플라워, 리코리스(감초), 시나몬, 진저(생강), 로즈힙, 로즈메리, 레몬버베나 등과 같이 향긋한 향의 재료도 각각 나름대로 감기 증상을 완화시키는 데 큰 도움이 된다.

해독용 티잰을 마시면
장기를 정화하는 데 도움이 된다.

안정

진정 효능이 있는 티잰들은 대체로 향이 많다. 향이 스트레스, 불안, 불면 등의 치료에 큰 역할을 하기 때문이다. 이들 티잰 중에는 신경을 안정시키는 것도 있고, 전반적으로 통증을 완화시키는 효능이 있는 것도 있다. 격정을 가라앉히는 이들 블렌드의 재료에는 캐모마일, 라벤더, 레몬버베나, 바질 등이 있다.

소화

진저(생강), 리코리스(감초), 야생 체리의 껍질, 시나몬, 히비스커스, 카르다몸, 펜넬 등은 모두 소화 기능을 촉진한다. 소화 보조제로서 블렌딩하는 티잰은 보통 부드러운 질감과 함께 진정 효능을 보이는 경우가 많다. 시간에 구애를 받지 않고 복용할 수 있지만, 대개 식후 음료로 마시는 것이 가장 좋다.

관절

소염 효능을 지닌 재료들은 관절염이나 다른 관절의 통증을 치료하는 데 도움이 된다. 플라보노이드류인 퀘르세틴은 크랜베리(cranberry)나 블루베리 등 짙은 색상의 열매에서 많이 발견된다. 진저(생강)나 강황 뿌리에도 소염 효능이 있어 관절통이나 다른 관절의 통증을 완화시키는 데에도 도움이 된다.

고대 이집트인들은
티잰의 치유 효능을 활용했다.

로즈힙
로즈힙을 달인 티잰은 감기 치료에 효능이 있다. 시큼털털한 향미를 부드럽게 하려면 꿀 1티스푼을 더한다.

라벤더
잠을 자기 전에 라벤더가 들어간 티잰을 마시면 깊은 수면에 들 수 있다.

캐모마일
면역력을 높이는 캐모마일은 레몬 등의 감귤류와 조화를 이루면 상쾌한 기분을 자아내는 부드러운 티잰이 된다.

웰니스 휠

식물에는 여러 가지 약리적인 성분들이 들어 있어 다양한 질병의 치료를 위해 사용할 수
있다. 완화시킬 수 있는 질병의 상태에 따라 재료를 나열한 이 색상환, 즉
'웰니스 휠(wellness wheel)'을 이용하면 티잰을 준비하는 데 도움이 될 것이다.

히비스커스와 로즈힙
히비스커스는 고혈압과 콜레스테롤 수준을 유지하여
건강에 도움이 된다. 로즈힙은 비타민 C가 풍부하고
항산화 성분과 카로티노이드를 함유하고 있어
감기나 독감의 증상을 완화하는 데 좋다.

우엉과 민들레 뿌리
우엉은 피를 정화하고 관절통을
치료하는 데 사용된다. 민들레에는
소염 성분이 들어 있어 통증과 부기를 줄이며,
해독에도 사용된다.

관절염

진정

감기, 독감

기력

라즈베리소(잎) 뿌리
시트러스 필(감귤 껍질)
로즈힙
대나무 잎
버찌
야생 체리 껍질
버드나무 껍질
카르다몸
우엉 뿌리
치커리 뿌리
민들레 뿌리
엘더플라워 뿌리
히비스커스 꽃
카모마일
라벤더
바질
시트러스 필(감귤 껍질)
레몬밤
레몬버베나
툴시
민트
엘더베리
로즈힙
민트
세이지
리코리스(감초) 뿌리
레몬밤
레몬버베나
멀베리(뽕) 잎
루이보스
툴시
야생 체리 껍질
시나몬
버드나무 껍질
카모마일
엘더플라워
라벤더
카르다몸
펜넬 씨
시트러스 필(감귤 껍질)
린덴플라워
진저(생강)
민들레 뿌리
타임
린덴플라워
리코리스(감초) 뿌리
느릅나무 속껍질
진저(생강)
페퍼민트
레몬밤
민들레 잎

강장제

수면

통증과 두통

기억력

심장 건강

피부와 머리카락

눈 건강

소화

우울

에키네시아
라리지
민트
레몬버베나
로즈힙
로즈메리
치커리 뿌리
라벤더
캐모마일
루이보스
진저(생강)
로즈힙
라벤더
멀베리(뽕) 잎
툴시
민트
버드나무 껍질
로즈메리
블루베리
예르바마테
툴시
엘더베리
블루베리
레드클로버(붉은토끼풀)
히비스커스
시트러스 필(감귤 껍질)
블루베리
버드나무 껍질
대나무 잎
엘더베리
블루베리
치커리 뿌리
우엉 뿌리
리코리스(감초) 뿌리
민들레 뿌리
펠넬 씨
카르다몸
로즈힙
라벤더
히비스커스 꽃
시나몬
야생 체리 껍질
루이보스
레몬버베나
캐모마일
레몬밤
민트
진저(생강)
리코리스(감초) 뿌리
카르다몸
엘더플라워
툴시
치커리 뿌리

루이보스

루이보스를 우린 물은 불면증을 치료하고 소화를 증진시키며, 감기나 독감의 증상을 완화시키는 데 도움이 된다.

캐모마일과 라벤더

캐모마일과 라벤더는 모두 웰니스의 감각에 도움을 주는 아름다운 향으로 유명하다. 이 때문에 둘 다 마음을 진정시키는 티잰에 자주 사용된다.

PART 5
레시피
응용메뉴(Variation) 레시피

시트러스 재스민(Citrus Jasmine) 4인분

 온도 80도　　 우리는 시간 3~4분　　 유형 뜨거운 음료　　 우유 미사용

재스민 티는 전통적으로 꽃이 피어 있는 밤에 만든다. 녹차와 재스민 꽃을 함께 뒤섞는다. 그 뒤 꽃은 제거하고 티를 덖는다. 이 과정은 며칠 동안 여러 회에 걸쳐서 저녁마다 반복된다. 감귤류인 핑거라임을 넣으면 톡 쏘는 맛이 더해진다.

- **녹차인 재스민드래곤펄**(Jasmine Dragon Pearl), 즉 **몰리화주**(茉莉花珠)의 **수북한** 1테이블스푼
- 껍질을 벗겨 얇게 썬 **오스트레일리아핑거라임** 1조각 또는 **라임** ½조각, 그리고 고명용 여분 조각(선택)
- 80도로 데운 **물** 900mL
- **라임, 레몬, 오렌지 껍질** 각각 1티스푼 (고명용, 선택)

1 찻잎을 찻주전자에 넣고 핑거라임을 더한다. 1티스푼 분량은 고명용으로 남긴다.

2 뜨거운 물을 붓고 재스민드래곤펄의 찻잎이 펴지기 시작할 때까지 3~4분 동안 우린다.

제공 남겨 놓은 핑거라임의 육질이나 라임 조각을 얹어(고명으로 사용할 경우) 뜨거운 음료로 낸다. 시트러스 필을 고명으로 대용해도 된다.

미묘하고
신선한 향

제이드 오처드(Jade Orchard) 4인분

 온도 80도　　 우리는 시간 2분　　 유형 뜨거운 음료　　 우유 미사용

운남벽라춘(雲南碧螺春)은 숯불로 가열한 솥에서 덖은 결과 구운 향미가 느껴진다. 구기자를 섞으면 약간 시큼한 맛이 나지만, 배를 넣어 상당히 달콤하게 만들면 향미에 균형이 잡힌다.

- **배** 1개(속을 파내고 얇게 4조각으로 썰어 고명으로 남긴 뒤 나머지를 깍둑썰기한다)
- **건조 구기자** 1테이블스푼
- 끓는 **물** 200mL와 80도로 데운 **물** 750mL
- 운남벽라춘 2테이블스푼

1 배와 구기자를 찻주전자에 넣고 끓는 물을 부은 뒤 한쪽에 놓고 우린다.

2 찻잎은 별도의 찻주전자에 넣고 80도로 데운 물을 부은 뒤 2분 동안 우린다.

3 이렇게 우러난 티(2)를 여과시키면서 과일을 우린 티잰(1)에 붓는다.

제공 이렇게 섞은 티(3)를 여과시켜 찻잔에 부어 뜨거운 음료로 낸다. 얇게 썬 배 조각을 고명으로 올린다.

제이드 오처드 달콤하면서도 시큼하고 탄 냄새까지 가미된 뜨거운 티로서 찻잔을 내려놓기가 어려울 정도로 맛있다.

레모니 드래곤 웰(Lemony Dragon Well) 4인분

 온도 **80도**   우리는 시간 **2분**   유형 **뜨거운 음료**   우유 **미사용**

이 레시피에는 일상적으로 마시는 용정(龍井)(dragon well)을 사용한다. 더 고급 티는 미묘한
향미가 사라지기 때문이다. 볶은 호두가 덖은 티의 특성을 비슷하게 내는 한편,
레몬머틀(lemon myrtle, *Backhousia citriodora*)은 이 음료에 볶은 향미와 함께 단맛을 더해 준다.

- **건조 레몬머틀** 1¼티스푼
- **볶은 호두를 으깬 것** 1½티스푼
- **끓는 물** 200mL와 80도까지 데운 물 800mL
- **용정** ¼컵

1 레몬머틀과 호두를 찻주전자에 넣는다. 여기에 끓는 물을 붓고 한쪽에 두어 우린다.

2 찻잎을 별도의 찻주전자에 넣고 80도로 데운 물을 부은 뒤 2분 동안 우린다.

3 이렇게 우린 티(2)를 여과시켜 과일을 우린 티잰(1)에 붓는다.

제공 이렇게 섞은 티를 여과시켜 찻잔에 부어 뜨거운 음료로 낸다.

모로코 민트(Moroccan Mint) 4인분

 온도 **90도**   우리는 시간 **5분**   유형 **뜨거운 음료**   우유 **미사용**

오래 우리면 진하고 탄 맛이 나는 주차(珠茶), 즉 건파우더 티(gunpowder tea)가
모로코 민트 티에서 주재료이다. 전통적으로 각 가정에서 남자 주인이 준비하는 이 티는
모로코 가정이나 점포에서 손님을 환대하는 상징이 되어 있다.

- **건파우더 티** 4티스푼
- **민트**의 큰 잔가지에서 딴 잎 6장과 고명용 잔가지 4개
- 90도로 데운 **물 900mL**
- **설탕** 5테이블스푼

1 건파우더 티와 민트 잎을 찻주전자에 넣고 뜨거운 물을 부어 5분 동안 우린다.

2 이 티를 여과시켜 냄비에 붓고 설탕을 더한다. 휘저은 뒤 중불 위에서 끓인다. 불기를 없앤 뒤 설탕을 넣은 티를 찻주전자에 도로 붓는다.

제공 표면에 거품이 생기도록 30cm 높이로 찻주전자를 치들어 찻잔에 티를 따른다. 찻잔마다 민트 잔가지를 하나씩 넣어 뜨겁게 낸다.

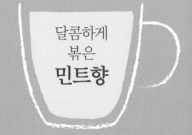

달콤하게
볶은
민트향

허니 레몬 맛차(Honey Lemon Matcha) 2인분

 온도 80도   우리는 시간 없음   유형 차가운 음료   우유 미사용

차게 해서 마시는 이 맛차는 엽록소와도 같은 녹색을 띤다. 값비싼 고급 맛차 대신에 제과점에서
사용하는 등급의 맛차를 사용해도 무방하다. 꿀은 달콤한 맛을 더해 주고, 레몬주스는 향미를 북돋운다.

- 꿀 5티스푼
- 레몬주스 1테이블스푼
  (그리고 약간의 **레몬 껍질**)
- 80도로 데운 **물** 500mL
- **맛차 가루** 1½티스푼
- 얼음덩이

1 꿀, 레몬주스, 레몬 껍질, 뜨거운 물의 절반을 피처에
  넣는다.

2 맛차 가루를 대접 속에 넣고 남은 절반의 물 약간을
  더한다. 맛차를 차선을 가지고 W자 모양으로 휘저어
  반죽이 얇게 이루어지게 한다. 여기에 남은 뜨거운
  물을 마저 붓고 표면에 거품이 일 때까지 휘젓는다.

제공 이 맛차 혼합물을 피처에 붓고 휘저은 뒤
얼음덩이를 넣은 텀블러에 따라 낸다.

감귤처럼
달콤하고
상쾌한 맛

아이스 세이버리 센차(Iced Savory Sencha) 2인분

 온도 80도   우리는 시간 1분   유형 **차가운 음료**   우유 **미사용**

얼음을 넣어 차게 마시는 이 일본식 센차(煎茶)(Sencha)에서는 타임이 짭짜름한 향미를 낸다.
'센차'란 끓인 물로 우린 티라는 뜻이다. 진저(생강)가 향신료 역할을 하면서 연한 단맛을 풍긴다.

- 강판에 간 **진저(생강)** 2테이블스푼
- **타임 잔가지** 4개
- **일본 센차** 2테이블스푼
- 80도로 **데운 물** 500mL
- 얼음덩이

특별 용구 머들러(muddler)나 절굿공이

1 2개의 텀블러에 진저(생강)와 타임을 똑같이 나눠 넣고 머들러나
  절굿공이를 사용해 빻는다.

2 센차를 찻주전자에 넣고 뜨거운 물을 부은 뒤 1분 동안 우린다.

3 이 티를 여과시켜 텀블러에 고르게 붓는다. 잠시 식힌 뒤 얼음덩이를
  넣고 제공한다.

팁 얼음덩이 때문에 티의 농도가 연해지는 것을 피하고 싶은 경우에는
미리 센차를 우린 뒤에 아이스 큐브 트레이에 얼렸다가 얼음덩이를
대신해 사용한다.

아이스 드래곤 웰(Iced Dragon Well) 2인분

 온도 80도　　　 우리는 시간 1분　　　 유형 차가운 음료　　　 우유 미사용

뽀족한 가시가 있는 아시아 열대산의 붉은 황금색 과일인 람부탄(rambutan)은 두꺼운 껍질 아래에
라이치(lychee)와도 같은 흰색 열매가 있다. 라이치만큼은 아니더라도 냄비로 볶은 견과류와 같은
용정(드래곤 웰)의 향미를 보완해 줄 만큼 달콤하다.

- 날것이나 통조림한 **람부탄** 12개(껍질을
  벗기고 얇게 썬 것)
- **끓는 물** 120mL와 80도로 **데운 물** 400mL
- **용정** 5테이블스푼
- **얼음덩이**

특별 용구 머들러나 절굿공이

1 람부탄을 몇 개 고명용으로 남겨 놓고 나머지를 모두
　머들러나 절굿공이를 사용해 찧는다.

2 찧은 람부탄을 찻주전자에 넣고 끓는 물을 더해 4분 동안
　우린다. 그 우린 것을 여과한 뒤 식혀서 텀블러에 따른다.

3 별도의 찻주전자에서 80도로 데운 물로 티를 1분 동안
　우린다. 잠시 식힌 뒤 텀블러에 따른다.

제공 얼음덩이를 넣고 나머지 람부탄을 고명으로 올려서
낸다.

오스만투스 그린(Osmanthus Green) 2인분

 온도 80도　　　 우리는 시간 1.5분　　　 유형 차가운 음료　　　 우유 미사용

오스만투스(osmanthus)의 노란 꽃은 작지만 풍부하고도 달콤한 바닐라의 향으로 가득 차 있다.
이 향은 티의 특징과 균형을 이루는 한편, 과일은 티에 친숙한 단맛을 더해 준다.

- **자바애플**(Asian water apple)이나
  배(속을 파내 얇게 썬 것) 1개
- **끓는 물** 250mL와 80도로 **데운 물** 250mL
- **운남벽라춘** 2티스푼
- **건조 오스만투스 꽃** ½티스푼
- **얼음덩이**

1 자바애플을 얇게 썬 2조각을 고명용으로 따로 두고,
　나머지를 찻주전자에 넣고 끓는 물을 부어 우린다.

2 별도의 찻주전자에 티와 오스만투스 꽃을 넣는다.
　여기에 80도로 데운 물을 붓고 1.5분 동안 우린다.

3 과일을 우린 것(1)을 여과시켜 3분 동안 우린다.
　그 뒤 다시 여과시켜 텀블러에 붓고 식힌다.

제공 얼음덩이를 더하고 얇게 썬 자바애플을
고명으로 올린다.

달콤한
크림 향

맛차 라테(Matcha Latté) 2인분

 온도 80도　　 우리는 시간 없음　　 유형 라테　　우유 아몬드밀크

기쁨을 자아내는 이 크림 같은 티에는 쓴맛의 기미가 전혀 없다. 가루로 된 맛차는 휘저었을 때
거품이 나며, 만들기 쉽고 초콜릿이 풍부한 이 라테에 짙은 녹색을 자아낸다.

- **가당 아몬드밀크** 350mL
- **화이트초콜릿** 15g
- **맛차 가루** 2티스푼, 그리고 고명용 약간
- 80도로 **데운 물** 120mL

특별 용구 휴대용 전기 거품기

1 아몬드밀크와 화이트초콜릿을 냄비에 넣고 중불로
가열하는데, 이 혼합물이 끓어 크림처럼 될 때까지
부지런히 휘젓는다. 불에서 들어내고 한쪽에 둔다.

2 맛차 가루와 뜨거운 물을 그릇에 넣고 휘저어 얇은
반죽을 만든다. 여기에 뜨거운 아몬드밀크와
화이트초콜릿 혼합물(1)을 넣고 거품이 일 때까지
재빨리 휘저어 컵에 따른다.

제공 맛차 가루를 한 움큼 고명으로 올려서 낸다.

버베나 그린 라테(Verbena Green Latté) 2인분

 온도 80도　　 우리는 시간 1.5분　　 유형 라테 음료　　우유 라이스밀크

건파우더 티는 서로 다른 여러 향미를 아우르는 데 잘 어울린다. 이 티를 짧은 시간 동안
우리면 부드러운 풀잎과도 같은 향미가 난다. 훌륭한 저지방 라테 옵션이며, 레몬버베나의 향미는
시큼털털하기보다 달콤하다.

- 달게 만든 **라이스밀크** 350mL
- **건조 레몬버베나** 2티스푼
- **건파우더 티** 2테이블스푼
- 80도로 **데운 물** 120mL

특별 용구 휴대용 전기 거품기

1 쌀로 만든 식물성 우유로 '미유(米乳)'라고도 하는
라이스밀크(rice milk)와 레몬버베나를 냄비에 넣고 끓기 시작할 때까지
중불에 가열한다. 불에서 들어내고 4분 동안 우린다.

2 찻주전자에 티를 넣고 1.5분 동안 뜨거운 물로 우린 뒤
여과시켜 큰 그릇에 담는다.

3 버베나와 라이스밀크의 혼합물(1)을 여과시켜 티가 담긴
큰 그릇(2)에 붓고 휘젓는다.

제공 카푸치노 컵이나 머그잔 2개에 따르고 뜨거운 음료로 낸다.

그린 하모니 프라페(Green Harmony Frapp) 2인분

 온도 80도   우리는 시간 4분   유형 프라페   우유 아몬드밀크

레몬그라스의 감귤과도 같은 향미적 특징이 건파우더 티의 풀잎 향미를 북돋운다. 멜론이 단맛을
자아내는 한편, 아몬드밀크는 기분 좋게 거품이 나는 프라페를 만들어 준다.

- 잘게 썬 싱싱한 **레몬그라스** 3티스푼
- **건파우더 티** 2티스푼
- 80도로 **데운 물** 150mL
- 작은 **허니듀멜론**(honeydew melon)
  ¼개(깍둑썰기한다), 고명용 **멜론볼**
  (melon ball)
- 가당 **아몬드밀크** 150mL
- **얼음덩이** 부순 것

특별 용구 믹서

1 레몬그라스와 티를 찻주전자에 넣고 80도로 데운 물을
   부은 뒤 4분 동안 우린다.

2 이것을 여과시켜 피처에 담은 뒤 한쪽에 두어
   실온까지 식힌다.

3 멜론을 믹서에 넣고 식힌 티(2)와 아몬드밀크를 더한다.
   표면에 크림과도 같은 거품이 일 때까지 믹서를 작동시킨다.

제공 부순 얼음을 반쯤 채운 텀블러에 따른 뒤 멜론볼을
   고명으로 올린다.

코리아 모닝 듀(Korean Morning Dew) 2인분

 온도 80도   우리는 시간 5~6분   유형 스무디   우유 아몬드밀크

한국의 중작(中雀)(Jungjak)은 농도를 맞추기 위해 일반적인 경우보다 상당히 더 오래 우릴 필요가 있다.
블렌딩된 티는 꽃과 같은 독특한 향미를 자아낸다. 얼음을 간 것과 과일을 섞은 한국의 여름철 디저트인
팥빙수를 연상시킨다.

- **중작** 2티스푼
- 80도로 **데운 물** 175mL
- 달콤한 **알로에 주스** 240mL
- **배** 1개(속을 파내고 얇게 썬다)
- **얼음덩이**(잘게 부순다)

특별 용구 믹서

1 티를 찻주전자에 넣고 80도로 데운 물을 붓고 5~6분 동안
   우린다.

2 우린 티를 피처에 부어 한쪽에 두고 실온까지 식힌다.

3 식힌 티(2)와 알로에 주스를 믹서에 따른다. 배 2조각을 따로
   두고, 나머지를 믹서에 넣은 뒤 부드럽게 거품이 일 때까지
   작동시킨다.

제공 이렇게 거품이 생긴 것(3)을 잘게 부순 얼음을 반쯤 채운
   텀블러에 따르고 고명용으로 남긴 얇게 썬 배를 올린다.

애프리캇 리프레셔(Apricot Refresher) 2인분

 온도 80도   우리는 시간 1분   유형 스무디   우유 미사용

녹차인 모첨(毛尖)(Mao Jian)은 새싹의 끝부분에 미세한 잔털이 보이기 때문에 서양에서는
'도우니 팁(downy tip)'이라고 한다. 달콤한 식물성 향미를 지닌다. 살구(애프리캇)는 이 스무디 음료에
아름다운 색상과 단맛을 더해 준다.

- **모첨** 2티스푼
- 80도로 **데운 물** 150mL
- **요구르트(플레인)** 120mL
- 날것이나 통조림된 **살구** 5개 (씨를 빼고 얇게 썬 것)
- **꿀** 2테이블스푼

특별 용구 믹서

1 티를 찻주전자에 넣고 80도로 데운 물을 부은 뒤 1분 동안 우린다.

2 찻잎을 제거한 뒤 우린 티를 식힌다.

3 요구르트(플레인), 살구, 꿀을 믹서에 넣고 식힌 티를 부은 뒤 크림같이 될 때까지 작동시킨다.

제공 크림같이 걸쭉하게 되면(3) 텀블러에 따른 뒤 곧바로 낸다.

코코넛 맛차(Coconut Matcha) 2인분

 온도 없음   우리는 시간 없음   유형 스무디   우유 코코넛크림

천연의 단맛을 지니고 크림 같은 이 스무디는 오후에 기운을 북돋워 주는 아주 좋은 음료이다.
코코넛크림에 의해 건강한 지방산이 보급되는 한편, 아보카도는 칼륨, 비타민 K와 C를 공급해 준다.

- **코코넛 플레이크** 8테이블스푼
- **아보카도** ½개
- **맛차 가루** 1티스푼
- **코코넛 냉크림** 120mL
- **코코넛 냉수** 240mL

특별 용구 믹서

1 오븐을 180도까지 예열한다. 코코넛 플레이크를 구이판에 올리고 4.5분 동안 또는 노르스름해질 때까지 굽는다.

2 이 플레이크를 나머지 재료들과 함께 믹서에 넣고 크림같이 될 때까지 작동시킨다.

제공 이렇게 크림같이 걸쭉한 것(2)을 찬 유리잔에 담아 빨대와 함께 낸다.

리틀 그린 스네일 향이 짙은 이 티는 로즈메리와
소주가 결합된 향미로 아주 강력한 효과를 발휘한다.

리틀 그린 스네일(Little Green Snail) 2인분

 온도 80도　　 우리는 시간 3.5분　　 유형 칵테일　　 우유 미사용

소주는 한국에서 쌀로 빚는 증류주로 상당히 독하다. 알코올 도수 20도의 소주를 구한다. 이보다 독한 소주는 티의 맛을 망칠 수도 있다. 로즈메리는 균형 잡힌 이 칵테일에 좋은 향을 더해 준다.

- **운남벽라춘** 5티스푼
- 80도로 **데운 물** 300mL
- 거칠게 썬 **로즈메리** ½티스푼(별도 고명용 잔가지 2개)
- **소주**나 **보드카** 200mL
- **얼음덩이**

특별 용구 칵테일 셰이커

1 티를 찻주전자에 넣고 80도로 데운 물을 부어 3.5분 동안 우린다.

2 거칠게 썬 로즈메리를 티가 든 찻주전자(1)에 넣고 30초 동안 더 우린다. 그 뒤 여과시켜 칵테일 셰이커에 넣고 식힌다.

3 소주(또는 보드카)와 얼음덩이를 칵테일 셰이커에 넣고 몇 초 동안 흔든다.

제공 이렇게 교반된 것(3)을 여과시켜 칵테일 잔에 따른 뒤 로즈메리 잔가지를 고명으로 올려 낸다.

재스민 이브닝(Jasmine Evening) 2인분

 온도 80도　　 우리는 시간 3분　　 유형 칵테일　　 우유 미사용

꽃향기를 좋아하는 사람이라면 향기가 많고 과일 맛이 나는 이 칵테일이 마음에 들 것이다. 알코올이 티의 향미를 많이 흡수하기 때문에 이 칵테일에서는 그 자체만으로 마실 때보다도 훨씬 더 많은 티를 사용한다.

- **재스민드래곤펄** 3테이블스푼
- 80도로 **데운 물** 400mL
- **퀸스**(quince) **시럽** 2티스푼
- **화이트럼** 90mL
- **얼음덩이**

특별 용구 칵테일 셰이커

1 티를 찻주전자에 넣고 80도로 데운 물을 붓고 3분 동안 우린다.

2 이렇게 우린 티를 여과시켜 칵테일 셰이커에 넣은 뒤 시럽을 붓고 식힌다.

3 여기에 화이트럼과 얼음덩이를 칵테일 셰이커에 넣고 몇 초 동안 흔든다.

제공 이렇게 교반된 칵테일을 여과시켜 칵테일 잔에 따라서 곧바로 낸다.

아이스티(Iced Tea) 4인분

미국에서는 티를 달콤하고 시원하게 만들어 마시는 경우가 대부분이다. 레스토랑에서 티를 주문하면 키가 큰 잔에
얼음을 넣은 아이스티가 나온다. 여기서 소개하는 것은 일반 가정에서도 손쉽게 만들 수 있는 간단한 레시피이다.

아이스티는 전 세계에서도 일부 지역에서는 생소한 것이지만 미국에서는 100년 이상 소비된 음료이다. 아이스티를 발명한 사람은 1904년 미주리에서 개최된 세인트루이스 세계박람회에서 인도산 홍차를 소개하던 영국 티업체의 홍보 담당자 리처드 블레친든(Richard Blechynden)으로 알려져 있다. 당시는 여름철로 날씨가 매우 무더웠기 때문에 시식용 잔에 담긴 뜨거운 티는 사람들의 관심을 별로 끌지 못했다. 궁여지책으로 홍차에 얼음을 넣어 건네면서 큰 히트를 친 것이다.

고전적인 아이스티에는 두 종류가 있다. 남부에서 인기가 높은 달콤한 가당 아이스티, 그리고 북부에서 인기가 있는 무가당 아이스티이다. 어느 쪽이든지 종종 레몬 조각이 첨가된다. 레몬 조각을 넣는 아이스티는 남북을 나누는 경계선이라는 메이슨 딕슨 라인(Mason-Dixon line)의 남쪽에서 인기가 높다.

필요한 재료

- **홍차 잎차** 6티스푼
- **끓는 물** 500mL
- **베이킹소다** 1자밤
- **설탕** 175g
- **레몬 조각** 2개(얇게 썬 것, 선택)
- **얼음덩이**

아이스티는
1830년대부터 이미 미국 남부의 여러 주에서 즐겨 마셨다. 보통 시원하게 만든 녹차에 샴페인을 첨가한 것이었다.

1 찻주전자에 티를 넣은 뒤 끓는 물을 붓고
15분 동안 진하게 우려낸다.

2 티를 스트레이너를 통해 여과시켜
내열 피처에 따른다.

미국에서 소비되는
티의 80%는 아이스티의 종류이다.

3 티가 아직 뜨거운 동안 베이킹소다(티의 투명도가 흐려지는 것을 막는다)와 설탕을 넣고 녹을 때까지 잘 휘젓는다. 여기에 찬물을 1.5L를 넣고 저어 섞는다. 미적지근할 때까지 식게 내버려 두었다가 냉장고에 넣고 2~3시간 동안 냉각한다. 취향에 따라서 식은 티에 레몬 조각을 더한다. 얼음덩이를 충분히 넣어 피처를 채운다.

프레션 업
따뜻하고 화창한 어느 날에 완벽한 음료가 될 이 아이스티는 부드러운 호박색을 드러내는 투명한 유리잔에 담아 내는 것이 최상이다.

헤이즐넛 플럼 딜라이트(Hazelnut Plum Delight) 4인분

 온도 85도(185°F)   우리는 시간 3분   유형 뜨거운 음료   우유 미사용

숲속에 있는 듯한 수미(壽眉)(Shou Mei) 백차의 향미가 이 그윽한 블렌드의 훌륭한 바탕이다.
구운 헤이즐넛은 달콤한 훈연향을 자아내며, 한편 겉이 짙은 색깔의 자두(플럼)는 분홍색을 띠게 해
준다.

- **볶은 헤이즐넛** 4테이블스푼(으깬 것)
- **자주색 자두** 4개(얇게 썬 것)
- **끓는 물** 120mL, 85도로 **데운 물** 750mL
- **수미(壽眉)** 7테이블스푼

1 헤이즐넛과 자두를 찻주전자에 넣고 끓는 물을
   부은 뒤 한쪽에 두고 우린다.

2 별도의 찻주전자에 티를 넣고 85도로 데운 물을
   부은 뒤 한쪽에 두어 3분 동안 우린다.

3 자두를 넣고 우린 것(1)을 여과시킨 뒤
   다시 1분 동안 더 우린다.

제공 모두 여과시켜 잔에 담아 뜨겁게 낸다.

골든 서머(Golden Summer) 4인분

 온도 85도   우리는 시간 4분   유형 뜨거운 음료   우유 미사용

이 음료의 이름은 황금색 찻빛의 티와 살구의 호박색에서 유래한다. 과일과 아몬드는
백모단(白牡丹) 백차에서 발견되는 달콤한 향미를 표면 위로 드러나게 해서 여름철의 과수원을 상기시킨다.

- **살구** 4개(조각으로 자른다)
- 순수한 **아몬드 추출액** 3방울
- **끓는 물** 120mL, 85도로 **데운 물** 750mL
- **백모단** 4테이블스푼

1 아몬드 추출액과 함께 살구를 찻주전자에 넣고 끓는 물을 부어
   우린다.

2 별도의 찻주전자에 티를 넣고 85도로 데운 물을 부은 뒤 4분 동안
   우린다.

3 살구를 우린 것(1)에 티를 여과시켜 부은 뒤 다시 2분 더 우린다.

제공 이렇게 우린 것을 여과시켜 잔에 담아 뜨겁게 낸다.

로즈 가든(Rose Garden) 4인분

 온도 85도   우리는 시간 4분   유형 뜨거운 음료   우유 미사용

백모단(白牡丹)(White peony)에는 이름과 달리 아무 꽃도 들어 있지 않지만, 숲과 약초의 멋진 풍미가 있다. 카르다몸은 이들 향미를 두드러지게 하며, 장미꽃 봉오리인 로즈버드(rosebud)의 향을 북돋운다.

- **건조 로즈버드** 20개(그리고 고명용 여분 4개)
- 잘게 으깬 **카르다몸의 씨** ½티스푼
- 세척용 **끓는 물**을 포함해 85도로 **데운 물** 750mL
- **백모단** 7테이블스푼
- 맛을 내는 **꿀**(선택)

1 장미꽃 봉오리인 로즈버드와 카르다몸의 씨를 끓는 물로 씻어 한쪽에 둔다.

2 찻주전자에 티를 넣고 85도로 데운 물을 부어 4분 동안 우린다.

3 티를 여과시켜 별도의 찻주전자에 담는다. 여기에 씻은 로즈버드와 카르다몸 씨를 넣고 다시 3분 동안 더 우린다.

제공 이렇게 우린 것을 여과시켜 잔에 담고, 취향에 따라서 약간의 꿀을 더한다. 마지막으로 로즈버드를 고명으로 얹어 낸다.

노던 포리스트(Northern Forest) 4인분

 온도 85도   우리는 시간 2분   유형 뜨거운 음료   우유 미사용

이 백차에 있는 소나무의 향미는 식을수록 더욱 두드러진다. 달콤하고 수지 성분이 풍부한 주니퍼베리(juniper berry)는 솔숲의 가장자리에 자라는 것이 가끔 발견되기도 하여 자연적인 동반자라 할 수 있다.

- **볶은 잣** 3테이블스푼(으깬 것)
- 싱싱한 **주니퍼베리** 6개 또는 말린 것 12개(으깬 것), 그리고 여분의 고명용
- **끓는 물** 120mL, 85도로 **데운 물** 750mL
- **수미** 6테이블스푼

1 주니퍼베리와 볶은 잣을 찻주전자에 넣고 끓는 물을 부은 뒤 한쪽에 두고 우린다.

2 티를 별도의 찻주전자에 넣고 85도로 데운 물을 부어 2분 동안 우린다. 주니퍼베리를 우린 것(1)에 티를 여과시켜 붓고 다시 4분 더 우린다.

제공 이렇게 우린 것을 여과시켜 잔에 따르고 몇 개의 주니퍼베리를 고명으로 올린다.

화이트 피오니 펀치(White Peony Punch) 2인분

 온도 85도　　 우리는 시간 3분　　 유형 차가운 음료　　 우유 미사용

메이 와인(May wine)의 티 버전으로 유럽에서 인기가 높은 백모단 펀치에는 백포도주의
미묘한 특징을 자아내기 위해 청포도를 사용한다. 달콤한 선갈퀴아재비(sweet woodruff)를 더하면
티에 톡 쏘는 듯한 단맛을 안겨 준다.

- **씨 없는 청포도** 18개(반으로 나눈다)
- **건조 선갈퀴아재비** 2테이블스푼
- **끓는 물** 120mL, 85도로 **데운 물** 400mL
- **백모단** 4테이블스푼
- **얼음덩이**

특별 용구 머들러 또는 절굿공이

1 청포도 절반을 찻주전자에 넣고 머들러나 절굿공이를
가지고 찧는다. 나머지 청포도와 선갈퀴아재비를 넣고
끓는 물을 부은 뒤 식힌다.

2 별도의 찻주전자에 티를 넣고 85도로 데운 물을 부어
3분 동안 우린다. 이를 여과시켜 2개의 텀블러에 넣어
식힌다.

제공 과일을 우린 것(1)을 여과시켜 티가 든 텀블러에 넣고
얼음덩이를 넣는다.

기운을 북돋우고
달콤하며
톡 쏘는 맛

피그스 온 더 테라스(Figs on the Terrace) 2인분

 온도 85도　　 우리는 시간 2분　　 유형 차가운 음료　　 우유 미사용

여름철에 마시는 이 티에는 달콤한 무화과(figs)와 향이 많은 세이지가 결합되어 마시는 사람을 이탈리아의
'쿠치나(cucina)(주방)'로 데려간다. 세이지는 향미가 강하기 때문에 매우 신중하게 사용해야 한다.

- 싱싱하거나 **건조 무화과** 2개(넷으로 가른다)
- 싱싱한 **세이지 잎** 2장, 또는 **건조 세이지 잎**
  ¼티스푼
- **끓는 물** 100mL, 85도로 **데운 물** 400mL
- **수미** 2테이블스푼
- **얼음덩이**

특별 용구 머들러 또는 절굿공이

1 2개의 텀블러에 무화과와 세이지를 똑같이 나누고
머들러나 절굿공이를 사용해 찧는다. 여기에 끓는 물을
붓고 식힌다.

2 찻주전자에 티를 넣고 85도로 데운 물을 부어 2분 동안
우린다. 그 뒤 여과시켜 텀블러에 넣어 휘젓는다. 여기에
무화과와 세이지를 우린 것(1)을 부은 뒤 식힌다.

제공 이렇게 섞은 것을 휘젓고 얼음덩이를 넣어서 낸다.

피그스 온 더 테라스 달콤하고 활기를
북돋우는 이 아이스티는 여름철 오후에
딱 어울린다.

라이치 스트로베리 프라페(Lychee Strawberry Frappe) 2인분

 온도 85도   우리는 시간 4분   유형 프라페   우유 코코넛크림

차가운 여름철 음료로서 달콤한 과일이 이 티의 향미를 자아내는 데 도움이 된다. 티를 시간에 맞춰 우림으로써 진한 향미를 내게 하고, 코코넛크림과 함께 내어 풍부한 맛을 더해 준다.

- **수미** 3테이블스푼
- 85도로 **데운 물** 240mL
- **라이치** 8개(통조림된 것)
- **딸기** 8개
- **얼음덩이** 5개
- **코코넛크림**(거품을 낸 것) 125mL

특별 용구 믹서

1 티를 찻주전자에 넣고 뜨거운 물을 부어 4분 동안 우린다. 이 티를 여과시킨 뒤 몇 분 동안 식힌다.

2 식힌 티를 믹서에 따르고 라이치와 딸기를 넣고 부드럽게 거품이 생길 때까지 믹서를 작동시킨다.

3 여기에 얼음덩이를 넣고 잘게 부서질 때까지 다시 믹서를 작동시킨다.

제공 이렇게 믹스한 것을 텀블러에 따르고 거품을 낸 코코넛크림을 토핑으로 올려 낸다.

탱글드 가든(Tangled Garden) 2인분

 온도 90도   우리는 시간 3분   유형 칵테일   우유 미사용

이 칵테일은 향이 좋은 엘더플라워와 백모단 백차의 선명한 향미를 함께 살려 낸다. 보드카와 혼합해 차갑게 내기 때문에 약간의 술기운이 느껴지는 정말 독특한 음료이다.

- **백모단** 6테이블스푼
- 90도로 **데운 물** 400mL
- **엘더플라워 시럽** 4티스푼
- **보드카** 120mL
- **얼음덩이**

특별 용구 칵테일 셰이커

1 티를 찻주전자에 넣고 뜨거운 물을 부어 3분 동안 우린다. 그 뒤 여과시켜 칵테일 셰이커에 붓고 완전히 식힌다.

2 여기에 엘더플라워 시럽과 보드카를 칵테일 셰이커에 부은 뒤 얼음을 가득 채울 정도로 넣는다. 30초 동안 마구 흔들어 뒤섞는다.

제공 이렇게 믹스한 것을 여과시켜 칵테일 잔에 부어 곧바로 낸다.

향긋하고 **달콤한** 맛

하이 마운틴 컴포트(High Mountain Comfort)  4인분

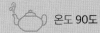 온도 90도   우리는 시간 2분   유형 뜨거운 음료   우유 미사용

산울타리에서 자라는 블랙커런트(black currant)와 비교해 매우 두드러지는 맛이 있다.
이 레시피에는 말린 지중해산 블랙커런트를 권한다. 건포도와 같은 그 달콤한 맛은
부드럽게 산화된 우롱차 음료들과 잘 어울린다.

- **건조 블랙커런트** 4테이블스푼
- **볶은 아몬드**(으깬 것) 1½티스푼
- **끓는 물** 300mL, 90도로 **데운 물** 600mL
- **타이완 고산우롱차** 2테이블스푼

1 블랙커런트와 아몬드를 찻주전자에 넣고 끓는 물을 부어 한쪽에
   두고 우린다.

2 90도로 데운 물 약간을 티에 부어(윤차 효과)
   찻잎이 좀 더 빨리 펴지게 한다.

3 별도의 찻주전자에 티를 넣고 80도로 데운 물의 나머지를
   부어 2분간 우린다. 여기에 과일 우린 것(1)을 여과시켜 붓는다.

제공 이렇게 우린 것을 여과시켜 잔에 담아 뜨겁게 낸다.

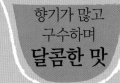
향기가 많고
구수하며
달콤한 맛

초콜릿 락(Chocolate Rock) 4인분

 온도 85도   우리는 시간 4분   유형 뜨거운 음료   우유 (선택)

볶은 호두, 카카오 콩, 우롱차가 서로 어울려 이 음료에 캠프파이어와 같은 온화한 느낌을
자아낸다. 우유를 넣으면 볶은 호두와 카카오에서 나오는 천연 오일이 표면으로 올라오는 효과를
증폭시켜 이 음료의 맛을 강화시킨다.

- **카카오 콩**(으깬 것) ¼컵(껍질 포함)
- **볶은 호두**(으깬 것) 2테이블스푼
- **끓는 물** 300mL, 90도로 **데운 물** 600mL
- **무이암**(武夷岩) ¼컵

1 카카오와 호두를 찻주전자에 넣고 끓는 물을 부어 우려낸다.

2 별도의 찻주전자에 티를 넣고 90도로 데운 물을 부어 4분 동안
   우린다.

3 카카오와 호두를 우린 것(1)에 티를 여과시켜 부어 1분 동안
   더 우린다.

제공 이렇게 우린 것을 여과시켜 잔에 따르고, 취향에 따라서는
우유를 넣어 뜨겁게 낸다.

라킹 체리는 흙 향에 양념이나 과일의 향미가 있는 것이 무이암 우롱차의 특징을 두드러지게 한다.

라킹 체리(Rocking Cherry) 4인분

 온도 85도　　　 우리는 시간 4분　　　 유형 뜨거운 음료　　　 우유 미사용

덖은 무이암(武夷岩) 우롱차의 잎에는 흙 향과 희미한 꽃향기가 있다. 체리는 이 티가 지니고 있는 천연의 향미를 보완하고, 너트메그는 찻잎에 있는 향신료의 풍미를 드러낸다.

- **체리** 12개(씨를 빼고 반으로 자른다)
- **너트메그 가루** 1자밤, 고명용 약간
- **끓는 물** 300mL, 85도로 **데운 물** 600mL
- **무이암** 4테이블스푼

특별 용구 머들러 또는 절굿공이

1 찻주전자 안에 체리를 넣고 머들러나 절굿공이로 찧는다. 너트메그 가루와 끓는 물을 넣고 우린다.

2 별도의 찻주전자에 티를 넣고 끓는 물을 부어 4분 동안 우린다.

3 과일을 우린 것(1)에 티를 여과시켜 붓는다.

제공 이것을 다시 여과시켜 잔에 따르고 너트메그 가루를 쌀짝 뿌린 뒤 뜨겁게 낸다.

그레이프 가데스(Grape Goddess) 4인분

 온도 90도　　　 우리는 시간 3분　　　 유형 뜨거운 음료　　　 우유 미사용

청포도가 이 인퓨전의 맛과 색깔을 부드럽게 하며, 씁쓸한 백포도주를 연상시키는 과일 맛을 자아낸다. 향기로운 우롱차인 철관음(鐵觀音)은 깊고 달콤한 향미로 이 블렌딩 티의 중심을 잡는다.

- **씨 없는 청포도** 15개(반으로 나눈다)
- **끓는 물** 150mL, 90도로 **데운 물** 750mL
- **철관음** 2테이블스푼

특별 용구 머들러 또는 절굿공이

1 청포도의 절반을 찻주전자에 넣고 머들러나 절굿공이로 부드럽게 찧어 즙이 조금 나오게 한다. 나머지 청포도를 넣고 끓는 물을 부어 한쪽에 두고 우린다.

2 별도의 찻주전자에 티를 넣고 90도로 데운 물을 부어 3분 동안 우린다.

3 청포도를 우린 것(1)에 티를 여과시켜 붓고 다시 3분 더 우린다.

제공 이렇게 우린 것을 여과시켜 잔에 따르고 뜨겁게 낸다.

아이스 가데스(Ice Goddess) 2인분

 온도 90℃　　　 우리는 시간 2분　　　 유형 차가운 음료　　　 우유 미사용

부드럽게 산화된 우롱차인 철관음은 미묘한 꽃향기와 달콤한 맛을 지니고 있다. 레몬 껍질의 향이 신맛을 띠는 레몬주스보다 더 효과를 발휘하는 반면에 배의 향은 티의 향기에 완벽하게 녹아 든다.

- **레몬 껍질** 2티스푼
- **배 얇게 썬 것** 4조각
- **철관음** 1테이블스푼(수북하게)
- 90도로 **데운 물** 500mL
- **얼음덩이**
- **얇게 썬 레몬** 2조각(고명용)

특별 용구 머들러 또는 절굿공이

1 텀블러 2개에 레몬 껍질을 똑같이 나누고 머들러나 절굿공이로 찧는다. 그 뒤 각 텀블러에 얇게 썬 배를 2조각씩 넣는다.

2 찻주전자에 티를 넣고 뜨거운 물을 부어 2분 동안 우린다. 그 뒤 여과시켜 피처에 담아 식힌다.

3 이렇게 식힌 티를 텀블러(1)에 따른다.

제공 여기에 얼음덩이를 넣고 저은 뒤 얇게 썬 레몬 조각을 고명으로 올려 낸다.

칠드 락 우롱(Chilled Rock Oolong) 2인분

 온도 90도　　　 우리는 시간 3분　　　 유형 차가운 음료　　　 우유 미사용

무이암 우롱차의 부드럽고 훈훈한 향미는 계란 모양의 작은 감귤류인 금귤(처음 베어 먹을 때는 신맛이 나지만 차츰 놀랄 만큼 달콤해진다)에서 나오는 톡 쏘는 맛과 균형을 이룬다.

- **금귤** 2개(둥글게 12개로 자르고, 따로 고명용으로 얇게 썬 2조각)
- **너트메그 가루** 1티스푼
- **끓는 물** 150mL, 90도로 **데운 물** 350mL
- **무이암** 5테이블스푼
- **얼음덩이**

1 금귤 조각과 너트메그 가루를 찻주전자에 넣고 끓는 물을 부어 3분 동안 우린 뒤 여과시켜 텀블러 2개에 나눠 담아서 식힌다.

2 별도의 찻주전자에 티를 넣고 90도로 데운 물을 부어 3분 동안 우린다. 이것을 여과시켜 피처에 담아 식힌다.

3 이렇게 식힌 티를 과일을 우린 텀블러(1)에 따른다.

제공 이 텀블러에 얼음덩이를 넣고 잘 저은 뒤 얇게 썬 금귤을 각각 고명으로 올려 낸다.

아이언 가데스 보드카(Iron Goddess Vodka) 2인분

 온도 없음　　　 우리는 시간 4~6시간　　　 유형 칵테일　　　 우유 미사용

단단하게 말려 뭉친 우롱차인 철관음의 찻잎이 보드카 속에서 풀어지는 모습이 황홀하다.
이 칵테일은 매우 독한데, 오렌지를 약간 넣으면 보다 더 부드럽게 마실 수 있다.

- **철관음** 2테이블스푼
- **보드카** 240mL
- **오렌지주스** 75mL
- **오렌지비터** ½티스푼
- **얼음덩이**
- 얇고 둥글게 썬 **오렌지** 몇 조각(고명용)

특별 용구 칵테일 셰이커

1 티를 끓는 물로 씻어(세차) 우려서 찻잎이 빨리 펴지게 한다.

2 티를 뚜껑이 있는 유리 피처(용적 400mL)에 넣고 보드카를 부어 4~6시간 냉침한 뒤 여과시켜 칵테일 셰이커에 넣는다. 여기에 오렌지주스, 오렌지비터, 그리고 얼음덩이를 셰이커가 가득 찰 정도로 넣는다. 셰이커를 몇 초 동안 힘차게 흔든다.

제공 이렇게 믹스한 것을 여과시켜 텀블러에 붓고 각각 오렌지 조각을 고명으로 올린다.

락 온! 버번(Rock On! Bourbon) 2인분

 온도 90도　　　 우리는 시간 2분　　　 유형 칵테일　　　 우유 미사용

미국 남부의 위스키인 버번만이 무이암의 걸쭉한 향미와 맞설 수 있다.
버번의 연기 냄새가 이 우롱차의 덖은 향미를 보완해 강한 맛의 음료를 만들어 낸다.

- **무이암** 5테이블스푼
- **90도로 가열된 물** 300mL
- **버번** 90mL
- **얼음덩이**
- **소다수** 120mL
- **레몬 껍질** 비틀어진 것 2개(고명용)

특별 용구 칵테일 셰이커

1 티를 찻주전자에 넣고 뜨거운 물을 부어 2분 동안 우린다. 이것을 여과시켜 칵테일 셰이커에 부어 식힌다.

2 버번과 셰이커가 가득 찰 정도로 얼음덩이를 넣은 뒤 30초 동안 셰이커를 흔든다.

제공 이렇게 믹스한 것을 여과시켜 칵테일 잔에 따르고 소다수를 부어 각 잔마다 레몬 껍질을 고명으로 올린다.

콤부차

이 발효 티는 오래전부터 일반 가정에서 직접 만드는(DIY) 음료로 인기가 높았다.
거품이 있고 약간 알코올이 생성된 콤부차는 달콤한 신맛이 매우 청량하다. 내장의 건강을 증진시키는
세균군과 여러 가지 산을 가진 이 프로바이오틱(활생균) 음료는 일상에서 강장제로 마실 수 있다.

콤부차의 기원은 한나라 시대(기원전 206년-기원후 25년)-진나라 시황제의 불로초 설화가 기원이라는 의견도 있다(편집자주)-의 중국으로까지 거슬러 올라갈 수 있다. 그것은 19세기 말 내지 20세기 초에 몽골, 만주 등을 거쳐 러시아로 전해졌다. 그 뒤 콤부차는 1910년경 동유럽에 소개되었고, 제1차 및 제2차 세계 대전 사이에 독일에서 인기를 얻었지만, 제2차 세계 대전 기간에는 설탕과 티가 부족해지면서 시들해졌다. 그런 콤부차에 대한 관심이 1990년대에 유럽과 미국에서 부활하면서 지금은 일반 가정에서 가장 인기 있는 음료가 되었다. 콤부차는 '콤부차 버섯(kombucha mushroom)' 또는 '스코비(SCOBY)'(아래의 박스 내용 참조, 이스트와 건강에 좋은 세균을 배양한 것)를 가지고 가당 홍차나 녹차와 함께 발효시켜 만든다. 스코비의 이스트가 가당 티에서 당을 소비함으로써 부산물로 소량의 알코올(1% 미만)과 이산화탄소를 만들어 내면서 콤부차가 반짝거린다. 알코올의 함량은 매우 낮더라도 어린이나 임신부, 수유모 등에는 권장되지 않는다.

**건강상의 효능을 높이려면
작은 잔으로 하루에 두세 잔씩
콤부차를 마신다.**

스코비(SCOBY)

콤부차에서 살아 있는 재료가 '스코비(SCOBY)'이다. 이것은 세균 및 이스트의 공생군체(Symbiotic Colony of Bacteria and Yeast)의 약자이다. 스코비는 사과 식초의 맨 위에서도 얇게 형성되어 신맛을 자아내지만 그보다는 단단한 젤리 모양의 막이 다중 층을 이루는 '초모(mother of vinegar, *Mycoderma aceti*)'와 비슷하다. 질감은 끈적끈적하고 색상은 베이지색인 스코비는 그것이 배양되는 용기의 모양대로 자란다. 티와 설탕을 발효를 통해 아세트산(신맛을 내는 무색 액체)으로 전환하려면 적당한 조건이 필요하다. 콤부차 액과 스코비는 어떤 종류의 금속과도 접해서는 안 된다. 화학 반응이 일어나 스코비와 그 액체 속에서 배양되는 것들을 손상시키기 때문이다.

아삼 티

만드는 방법

거품이 이는 이 음료는 일반 가정에서도 쉽게 만들 수 있어 다른 음료를 대신해 즐길 수 있다.
식감이 훨씬 더 부드럽고, 소화를 돕는 산과 효소도 함유하여 건강에 좋기 때문이다. 필요한 것은 깨끗한 작업 공간,
간단한 용구, 재료, 그리고 티가 발효되기를 기꺼이 기다릴 수 있는 느긋한 마음뿐이다.

1 용적 4L의 큰 냄비에 샘물을 붓고 끓인다. 그런 다음 잠시 식혔다가(이때 식히는 온도는 차의 종류에 따라 다름) 티를 넣고 5분 동안 우린다.

2 커다란 유리 항아리에 찻잎을 걸러 낸 티를 붓는다. 설탕을 적당량으로 넣고 다 녹을 때까지 젓는다. 그 용기를 천으로 살짝 덮은 뒤 몇 시간 동안 내버려 두고 식힌다.

3 티가 식으면 상점에서 구입한 콤부차를 부은 뒤 목제 숟갈로 휘젓는다. 장갑을 낀 채 항아리 속에 스코비를 넣는다. 항아리를 천으로 덮고 고무 밴드로 묶어 초파리나 곰팡이의 유입을 차단한다.

4 스코비와 티를 넣은 유리 항아리를 1주일 동안 햇빛을 피해 가만히 내버려 둔다. 스코비는 발효하면서 점차 바닥에 가라앉을 것이다. 며칠 지나면 스코비가 수면으로 올라오거나, 아니면 다른 새로운 스코비가 수면에서 배양되면서 점점 짙어질 것이다.

5 발효 뒤 목제 숟갈로 떠서 광채와 향미를 확인한다. 샴페인처럼 밝은 광채를 띠고 사과 식초와 같은 맛이 나야 한다. 너무 달콤하면(발효가 덜 된 상태) 내버려 두고 좀 더 발효시킨다. 발효 시간은 며칠 늘리거나 줄이는 실험을 시도해 알아보아야 한다.

6 콤부차가 다 완성되면 스코비를 들어내 조금 작은 유리병에 넣는다. 여기에 750mL의 콤부차를 붓고 뚜껑을 닫는다. 다음에 마실 것을 준비할 때까지 2개월 정도 냉장고에 넣어 둔다.

7 남은 콤부차를 플라스틱 깔때기를 통해 병에 따른다. 뚜껑을 닫고 좀 더 거품이 나도록 며칠 동안 '제2차 발효'를 위해 그대로 둔다. 일단 발효되면 병을 냉장고에 저장한다. 여기에 가향·가미를 하고자 하면, 콤부차와 싱싱한 과일주스가 5 대 1 비율이 되게 혼합한다.

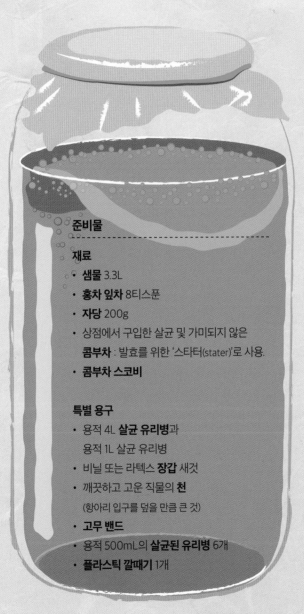

준비물
- - - - - - - - - - - - - - -

재료
- **샘물** 3.3L
- **홍차 잎차** 8티스푼
- **자당** 200g
- 상점에서 구입한 살균 및 가미되지 않은 **콤부차** : 발효를 위한 '스타터(stater)'로 사용.
- **콤부차 스코비**

특별 용구
- 용적 4L **살균 유리병**과 용적 1L 살균 유리병
- 비닐 또는 라텍스 **장갑** 새것
- 깨끗하고 고운 직물의 **천** (항아리 입구를 덮을 만큼 큰 것)
- **고무 밴드**
- 용적 500mL의 **살균된 유리병** 6개
- **플라스틱 깔때기** 1개

솔티드 캐러멜 아삼(Salted Caramel Assam) 4인분

 온도 100도   우리는 시간 5~6분   유형 뜨거운 음료   우유 휘프트크림

솔티드 캐러멜(가염 캐러멜)의 레시피는 보통 조리된 소스를 요구한다.
그러나 여기서 소개된 것은 대체 버전으로서 훈제 소금과 설탕이 아삼 티의 몰트 향과
결합되어 이 인기 있는 소스의 단맛과 짠맛을 자아낸다.

- **무염 버터** 3테이블스푼
- **자당** 3테이블스푼
- **훈제 소금** ¼티스푼
- **끓는 물** 900mL
- 오서독스 방식의 **아삼 티** TGFOP 등급
  3½테이블스푼
- **휘프트크림** 120mL

1 그릇 속에 버터, 설탕, 소금을 넣고 끓는 물 900mL를 붓는다.
   설탕과 소금을 녹이면서 섞은 뒤 따로 놓아둔다.

2 찻주전자에 티를 넣고 남은 물을 부어 5~6분 동안 우린다.

3 티를 여과시켜 잔에 따르고 솔티드 캐러멜을 첨가한 뒤 젓는다.

제공 휘프트크림을 각각의 잔에 약간씩 끼얹는다.

홍콩 밀크티(Hong Kong Milk Tea) 4인분

 온도 100도   우리는 시간 1분   유형 뜨거운 음료   우유 연유

밀크티 일종인 '실크스타킹(Silk Stocking)' 티는 1950년대에 홍콩에서 큰 인기를 끌었다. 그 밀크티는 우유와
설탕을 더하기 전에 6번이나 한 주전자에서 다른 주전자로 계속 여과시킨다. 이 홍콩식 밀크티는 전통적으로
스타킹 같은 면직물 여과기를 사용해 이루어졌던 탓에 그렇게 별명이 붙었다.

- **기문, 아삼, 실론** 각각 1테이블스푼
- **설탕** 3테이블스푼
- **연유** 175mL들이 작은 캔 2개

1 냄비에 900mL의 물을 넣고 가열한 뒤 티를 넣는다. 1분 동안 끓인
   뒤 불에서 들어내고 그 티를 여과시켜 다른 냄비로 옮긴다.

2 티를 걸러 낸 스트레이너를 사용해 그 티를 다시 첫 냄비로 다시
   여과시킨다. 똑같은 과정을 5회 반복한다.

3 뜨거운 티에 설탕을 넣고 잘 휘젓는다. 냄비에 우유를 데운다.
   끓지는 않게 한다. 이 우유를 티에 붓는다.

제공 이 밀크티를 잔에 따라서 뜨겁게 낸다.

홍콩 밀크티 이 티에 크림과도 같은 부드러운 질감이 나는 것은 연유를 사용했기 때문이다.

초콜릿 피그(Chocolate Fig) 4인분

 온도 100도   우리는 시간 5분   유형 뜨거운 음료   우유 (선택)

보이차의 소박한 향미는 달콤한 검은무화과(black fig)의 열매와 잘 어울린다.
코코아 함량이 높은 다크초콜릿을 사용하지 않으면 이 음료의 풍미를 제대로 낼 수 없다.

- 건조 **검은무화과** 10개
- **끓는 물** 900mL
- **다크초콜릿**(코코아 함량 70% 이상)
  가늘게 썬 것 20g
- **보이숙차(普洱熟茶)** 4테이블스푼

1 약간 끓는 물에 무화과를 2분 동안 씻어 부드럽게
   만든 뒤 잘라서 몇 조각으로 나눈다.

2 다크초콜릿을 무화과와 함께 찻주전자에 넣고
   끓는 물 175mL를 부은 뒤 휘젓는다.

3 별도의 찻주전자에 티를 넣고 나머지 물을 부어
   5분 동안 우린다. 그 뒤 여과시켜 다크초콜릿과
   블랙무화과를 우린 것(2)에 붓는다.

제공 이것을 여과시켜 잔에 따르고, 취향에 따라 우유를
넣어 따뜻하게 낸다.

소박하면서도
크림과도 같은
단맛

티베트 포차(Tibetan Po Cha) 4인분

 온도 100도   우리는 시간 1분   유형 뜨거운 음료   우유 사용

전통적으로 크림과도 같은 야크유로 만들어 맛이 강렬하고 소금기 있는 티베트 포차는
누구나 좋아할 만한 맛이다. 크림이 더 걸쭉한 것을 원한다면 소금을 줄이고 버터와 야크유를 좀 더 넣을 수도 있다.

- **보이숙차** 2테이블스푼
- **소금** ¼티스푼
- **전유** 또는 **헤비크림**(heavy cream) 200mL
- **무염 버터** 3테이블스푼
- **특별 용구** 믹서

1 냄비에 물 650mL를 채우고 찻잎을 더한 뒤 중불로
   끓인다.

2 소금을 더하고 1분 동안 끓인다. 냄비를 불에서
   들어내고 1분 동안 티를 우린 뒤 여과시켜 다른
   냄비에 붓는다.

3 야크유를 넣고 휘저은 뒤 약불에서 1분 동안 끓인다.
   그 뒤 믹서에 붓고 버터를 넣어 거품이 일 때까지
   믹서를 작동한다.

제공 이것을 사발이나 머그잔에 부어 따뜻하게 낸다.

오처드 로즈(Orchard Rose) 4인분

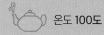 온도 100도    우리는 시간 2분   유형 뜨거운 음료   우유 미사용

색상이 밝고 홍색이 선명한 실론 티에 카르다몸과 장미수가 이국적인 향미를 자아낸다. 너무 오래 우리면 톡 쏘는 맛이 나기 때문에 주의해야 한다. 꿀과 사과를 첨가하면 마음에 들 만한 단맛이 난다.

- 속을 파내 깍둑썰기한 **사과** 1개
- **카르다몸** 꼬투리 8개에서 꺼낸 씨(으깬 것)
- **장미수** 1½티스푼
- **꿀** 3티스푼
- **끓는 물** 870mL
- **실론** 3½테이블스푼
- **로즈버드** 또는 얇게 썬 **사과** 4개(고명용)

1 사과, 카르다몸, 장미수, 꿀을 찻주전자에 넣고 끓는 물 175mL를 부어 4분 동안 우린다.

2 별도 주전자에 실론 홍차를 넣고 나머지 물을 부어 2분 동안 우린다.

3 티를 여과시켜 사과, 꿀 등을 우린 것(1)에 붓고 다시 3분 동안 우린다.

제공 이렇게 우린 것을 여과시켜 잔에 따르고, 각 잔마다 로즈버드나 사과 조각을 고명으로 얹어 낸다.

스파이시 실론(Spicy Ceylon) 4인분

 온도 100도   우리는 시간 2분   유형 뜨거운 음료   우유 미사용

실론 티를 자연 그대로 즐기는 사람이 있는가 하면, 설탕이나 꿀을 넣어 달게 만들어 먹는 것을 좋아하는 사람도 있다. 티가 식으려 할 때도 티를 따뜻하게 유지할 정도로 할라페뇨고추(jalapeño)를 듬뿍 넣은 이 매콤한 티를 마셔 보자.

- **라임** 1½개의 껍질
- **할라페뇨고추** 7.5cm(씨와 막을 포함해 십자형으로 썬다)
- **끓는 물** 900mL
- **실론** 3테이블스푼
- 얇게 썬 **라임** 4조각(고명용)

1 라임 껍질과 할라페뇨고추를 찻주전자에 넣고 끓는 물 200mL를 부어 우린다.

2 별도의 찻주전자에 티를 넣고 나머지 물을 부어 2분 동안 우린다.

3 이 티를 여과시켜 할라페뇨고추를 우린 것(1)에 붓고 다시 2분 동안 우린다.

제공 이렇게 우린 것을 여과시켜 잔에 따르고, 각 잔에 라임 조각을 올려 낸다.

아이스 유주 아삼(Iced Yuzu Assam) 2인분

 온도 100도   우리는 시간 3분   유형 차가운 음료   우유 미사용

유자(yuzu)는 싱싱한 것을 찾기 어렵지만, 아시아의 상점에서 유리병에 설탕에 절여 보존된 상태로 널리 구입할 수 있다. 유자를 씻어 내고 잘게 저민다. 오렌지꽃에서 증류시킨 향료인 '등화수(橙花水, orange blossom water)'는 아삼 티의 깊은 향미를 부드럽게 한다.

- 유자 껍질 또는 오렌지 껍질과 레몬 껍질을 섞은 것 2테이블스푼
- 등화수 6방울
- 아삼 2테이블스푼
- 끓는 물 450mL
- 얼음덩이

특별 용구 머들러나 절굿공이

1 텀블러 2개에 유자 껍질을 나누고 각각의 텀블러에 등화수를 3방울씩 더한다. 머들러나 절굿공이를 가지고 이들 재료를 으깬다.

2 찻주전자에 티를 넣고 끓는 물을 부어 3분 동안 우린다.

3 이렇게 우린 티를 여과시켜 유자 혼합물이 든 텀블러에 붓고 식힌다.

제공 이 텀블러에 얼음덩이를 넣고 휘저어서 낸다.

티 가든 프로스트(Tea Garden Frost) 2인분

 온도 100도   우리는 시간 2분   유형 차가운 음료   우유 미사용

실론 티는 그 자체로 자극적이고 맛도 훌륭하지만 다른 재료에서 나오는 다른 향미와도 훌륭하게 어울릴 수 있다. 바질의 감초와도 같은 특성이 두드러지면서 감이 단맛을 더해 준다.

- 싱싱한 **바질 잎** 찢은 것 2테이블스푼이나 **건조 바질 잎** 1테이블스푼
- **레몬 껍질** 1자밤
- 싱싱한 **감** 깍둑썰기한 것 4테이스블스푼 또는 **말린 감** 깍둑썰기한 것 3테이블스푼
- **실론** 2테이블스푼
- **끓는 물** 500mL
- **얼음덩이**

특별 용구 머들러 또는 절굿공이

1 바질과 레몬 껍질을 똑같이 텀블러 2개에 나눠 넣고 머들러나 절굿공이를 사용해 그들을 찧는다.

2 이 텀블러에 싱싱한 감을 넣는다.

3 찻주전자에 티를 넣고 끓는 물을 부어 2분 동안 우린다.

4 이렇게 우린 티를 여과시켜 과일과 바질을 블렌딩한 텀블러(2)에 부은 뒤 식힌다.

제공 이렇게 식힌 것에 얼음덩이를 띄워 낸다.

마운틴 플러시(Mountain Flush) 2인분

 온도 없음　　　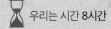 우리는 시간 8시간　　　 유형 차가운 음료　　　 우유 미사용

(이때는 냉침)

냉침 음료의 매력은 티에서 그 향미가 서서히 침출되면서 단맛을 더욱더 자아내는 것이다.
다르질링 티의 균형이 잘 잡힌 특징이 무스카텔 포도의 싱그럽고 새콤달콤한 맛과 결합해 충분히
기다릴 만한 가치가 있는 음료로 만들어 낸다.

- **씨 없는 청포도** 15개(얇게 썬 것)
- **다르질링** (오텀널 플러시) 3티스푼

특별 용구 머들러 또는 절굿공이

1 머들러나 절굿공이를 가지고 청포도 절반을 찧은 뒤 남은
청포도와 티를 그들과 함께 750mL 용적의 뚜껑 달린 피처에
넣는다.

2 500mL의 차가운 물을 그 피처에 붓고 잘 저은 뒤 뚜껑을 덮어
냉장고에서 8시간 동안 보관한다.

제공 이렇게 냉침한 것을 2개의 텀블러에 나눠 부어 낸다.

아이스 티피 윈난(Iced Tippy Yunnan) 2인분

 온도 100도　　　 우리는 시간 2분　　　 유형 차가운 음료　　　 우유 미사용

중국의 전홍(滇紅)(Yunnan Golden Tips) 홍차에는 오렌지의 감귤과도 같은 맛을 보완해 주는
풍부하고 깊은 향미가 있다. 적은 양의 오렌지와 바닐라가 이 아이스티에 균형이 잘 잡힌
과일의 맛을 자아낸다.

- **오렌지 껍질** ½티스푼
- **설탕** 1티스푼
- **바닐라 열매** 1cm 길이로 얇게 저민 것,
  또는 순수한 **바닐라 추출액** 몇 방울
- **전홍** 3티스푼
- **끓는 물** 500mL
- **얼음덩이**
- **오렌지** 얇게 저민 것 2개(고명용)

1 오렌지 껍질, 설탕, 바닐라를 큰 내열성 유리 피처에
넣는다.

2 티를 찻주전자에 넣고 끓는 물을 부어 2분 동안 우린다.

3 티를 여과시켜 오렌지 껍질 혼합물이 든 피처에 붓고
휘저어 식힌다.

제공 다 식으면 피처에 얼음덩이를 넣고 2개의 텀블러에
나눠 따른다. 각 텀블러에는 얇게 썬 오렌지를 고명으로
올려 낸다.

부드럽고
달콤한
감귤 맛

마살라 차이 2인분

마살라 차이는 영국의 식민지였던 시대의 인도에 처음 등장한 이래 전 세계에서
티를 마시는 사람들의 인기 품목으로 차츰 성장했다. 향신료를 넣어 매콤한 풍미로 마시는 이 음료는
여러 가지 향신료들을 배합함으로써 맛과 향이 거의 무궁무진하게 다양해진다.

차이 월라는 인도에서 거의 모든 거리 모퉁이에서 발견할 수 있는 티 노점상이다. 작은 부스에 지붕까지 덮인 곳도 있지만, 때로는
아무런 구조물도 없이 찻주전자만 불 위에 올려놓고 쭈그려 앉아 손님을 기다리기도 한다. 이들 노점상 가운데는 밀크티에 향신료를
넣은 찻주전자를 1m나 되는 높이로 치들어 이 냄비에서 저 냄비로 그 티를 옮겨 붓는 등 세심한 연출을 하는 곳도 있다.

준비물

재료

- **정향** 6개
- **스타아니스**(star anise) 2개
- **시나몬** 7.5cm 길이의 막대형
- **카르다몸** 꼬투리 5개
- 5cm 크기의 싱싱한 **진저**(생강)
  1개(얇게 저민 것)
- **아삼** 1테이블스푼(수북하게)
- **물소젖** 또는 **전유** 400mL
- **설탕**이나 **꿀**
  3~4테이블스푼(감미용)

특별 용구

휴대용 믹서(선택)

1 얇게 썬 진저(생강)를 제외한 모든
향신료를 절구에 넣는다. 포근하고 강렬한
향이 날 때까지 절굿공이를 가지고 그들을
잘게 분쇄한다.

2 이렇게 분쇄한 향신료, 얇게 썬 생강과 함께
티를 냄비에 넣고 향신료와 티에서 향미가
배어 나오도록 중불에서 3~4분 동안 데운다. 목재
수저를 사용해 자주 휘저어 혼합물이 눌어붙지
않게 한다.

아삼 홍차의 강하고 톡 쏘며 떫은맛은
여러 향신료의 강한 냄새를
누그러뜨리는 데 매우 적합하다.

4 여기에 물소젖(또는 전유)과 설탕을 첨가하여
계속 젓는다. 2분 동안 더 끓여 모든 재료들이
뒤섞이도록 한다. 냄비를 불에서 들어내고 티를
여과시켜 찻주전자에 붓는다.

3 이 냄비에 물 650mL를
붓고 센불에서 끓인다. 불의
세기를 줄이면서 수저로 휘저으면서
부글부글 끓게 한다.

제공
찻주전자를 최소한 30cm 이상의 높이로
치들어서 머그잔이나 컵에 따라서 표면에
거품이 일도록 한다.

차이 퓨전

마살라 차이의 레시피(182쪽~183쪽)를 사용해 여러 종류의 양념들이나 향신료를 다양하게 혼합하여 자기의
입맛에 맞는 것을 골라 보자. 초콜릿이나 술, 심지어는 음료로에 약간 매운맛이 돌기를 원한다면 칠리까지도
섞을 수 있다. 그러나 산도가 높은 과일들은 혼합물이 응겨 붙기 때문에 피하는 것이 좋다.

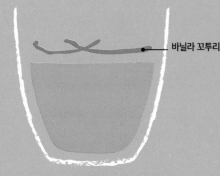

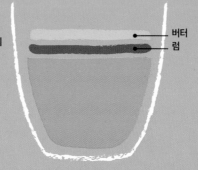

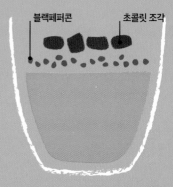

바닐라 차이
2.5cm 크기의 바닐라 꼬투리 2개를
넣었다가 혼합물이 끓기 시작하면 분리한다.
아니면 다 끓고 난 뒤 바닐라 또는 아몬드
추출액을 몇 방울 더해도 좋다.

버터·럼의 뜨거운 차이
차이를 낼 때마다 럼 2테이블스푼과
버터 1티스푼을 더한다. 약간 독한 것이
좋다면 럼의 양을 늘린다.

혼합 차이
이것은 향신료, 블랙페퍼콘(흑후추 알),
초콜릿을 섞어 맛을 낸 것이다. 처음부터
블랙페퍼콘(black peppercorn) ¼티스푼을
넣고 마지막에는 다크초콜릿 25g을
첨가한다. 매운맛을 견딜 수 있는 정도에
따라 양을 조절한다. 너무 많이 넣은
경우에는 우유를 첨가한다.

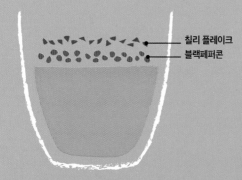

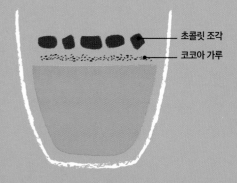

매운맛 차이
향신료를 분쇄할 때 블랙페퍼콘이나 칠리 플레이크(또는 둘 다)를
¼티스푼 첨가한다. 이때 숨을 깊이 들이쉬면 기침이 나기 때문에
주의한다. 지방에 따라 독특한 전통을 지닌 차이 레시피에서는
페퍼콘을 발견하는 경우가 드물지 않다.

초콜릿 차이
더욱 풍부한 맛이 나는 디저트 스타일의 차이를 원한다면 이 초콜릿
차이를 끓이고 나서 여과하기 직전에 무가당 코코아 가루 1테이블스푼
또는 초콜릿 15g(큰 정사각형 조각 2개)을 넣는다. 크림 같은 화이트초콜릿
차이의 경우에는 화이트초콜릿 20g(큰 정사각형 조각 3개)을 넣는다.

차이를 준비하는 동안에는 기분이 좋은 향과 냄새가 주위로 퍼질 것이다.

녹차 차이

인도의 카슈미르 지역에서는 녹차의 잎차가 사용된다. 녹차는 검고 진한 아삼 홍차 대신으로 전 세계에서 널리 구입할 수 있다. 녹차에 소량의 정향과 시나몬, 그리고 약간 많은 카드다몸을 혼합해 사용한다.

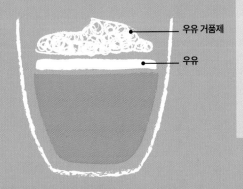

우유 거품제

우유

차이 라테

전유를 약간 데워서 휴대용 믹서에 넣거나 우유 거품제를 사용해 거품을 일게 한 뒤 차이의 윗부분에 붓는다. 취향에 따라서 우유를 대신하여 아몬드밀크나 코코넛밀크를 사용할 수도 있다.

마살라 차이 진액

스무디에 넣을 준비가 되거나 아이스 차이를 만들 수 있는 마살라 차이의 진액을 냉장고에서 발견하면 기분이 좋다. 또는 향미의 강도도 선호도에 따라 약하게 데운 우유를 한두 테이블스푼을 더한다. 이 진액은 만들기는 쉽지만 대신에 시럽으로까지 줄어드는 데는 상당한 시간이 걸린다.

재료

- **아삼 홍차** 3테이블스푼
- **물** 1.2L
- **생꿀** 75mL
- **바닐라 꼬투리** 1개(갈라진 것)
- **생강**(강판에 간 것) 2티스푼
- **정향**(통째) 5개
- **카르다몸 꼬투리**(으깬 것) 10개
- **아니스 씨** 1티스푼
- **시나몬** 3개
- **너트메그 가루** 1티스푼

1　모든 재료들을 냄비에 넣고 그 원액이 약 3분의 1로 줄어들 때까지 30분 동안 중불로 끓인다.

2　그 진액을 여과시켜 항아리나 유리병에 부어 식힌 뒤 냉장고에 넣어 보관한다.

피치 아삼 라테(Peachy Assam Latté) 2인분

 온도 100도　　　 우리는 시간 3분　　　 유형 라테　　　 우유 코코넛크림

풍부한 풍미의 코코넛크림은 이 라테를 위한 최상의 선택이다. 이 음료의 과일 맛에는
약간의 당분이 필요하며, 바닐라향 설탕이 제격이다. 이것을 디저트 티로 시도해 보거나
주말의 브런치 때 마음대로 마셔도 좋다.

- 잘 익은 **복숭아** 1개(속을 파내고 얇게 썬 것
  또는 복숭아 통조림 씻은 것)
- **끓는 물** 650mL
- **아삼** 3테이블스푼
- 바닐라를 넣어 **우려낸 설탕** 6티스푼
- **통조림 코코넛크림**의 두꺼운 최상층
  150mL, 우유층의 2테이블스푼

특별 용구 휴대용 믹서

1. 얇게 썬 복숭아를 찻주전자에 넣고 끓는 물을 뚜껑에 이를 정도로
   가득 채운다.
2. 별도의 찻주전자에 티를 넣고 나머지 물을 부어 3분 동안 우린다.
   이것을 복숭아를 우린 것(1)에 넣고 다시 2분 동안 더 우린다.
3. 이렇게 우린 것을 그릇에 붓고 여기에 설탕, 코코넛크림,
   코코넛밀크를 넣는다. 다시 휴대용 믹서에 넣은 뒤 티와 복숭아를
   첨가하여 작동시켜 멋진 거품을 만든다.

제공 약간의 코코넛크림을 토핑으로 올리고 뜨거운 음료로 낸다.

세비야 오렌지 라테(Seville Orange Latté) 2인분

 온도 100도　　　 우리는 시간 3분　　　 유형 라테　　　 우유 아몬드

이 레시피에는 세비야 오렌지 마멀레이드를 사용한다. 이 마멀레이드의 신맛과 쓴맛은
아삼 홍차의 감칠맛과 잘 어울린다. 아몬드밀크는 이 음료에 단맛을 풍부히 더해 준다.

- **아삼** 3테이블스푼
- **끓는 물** 650mL
- **가당 아몬드밀크** 1컵
- **세비야 오렌지 마멀레이드** 2테이블스푼

1. 찻주전자에 티를 넣고 끓는 물을 부어 3분 동안 우린다.
   그런 다음 티를 여과시키면서 찻잎을 모두 걸러 낸다.
2. 마멀레이드를 넣은 아몬드밀크를 냄비에 넣고 약불로
   마멀레이드가 녹을 때까지 데운다.
3. 불에서 들어낸 뒤 오렌지 껍질을 걸러 내고
   찻주전자에 따른다.

제공 거품이 일 정도의 높이로 찻주전자를 높이 치들어
잔에 따른 뒤 곧바로 낸다.

톡 쏘는 듯 하면서도
부드러운
감귤 맛

푸얼 초콜릿(Pu'er Chocolate) 2인분

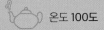 온도 100도   우리는 시간 2분   유형 칵테일   우유 미사용

초콜릿과 보이차 모두 강렬하고 깊은 향미를 지니고 있어 가끔 함께 사용된다. 이 레시피에서는
보이차와 초콜릿비터가 화이트럼에 더해져 아주 풍부하고도 부드러운 음료를 만들어 낸다.

- **보이차** 3테이블스푼
- **끓는 물** 400mL
- **화이트럼** 120mL
- **초콜릿비터** 4티스푼
- **얼음덩이**

특별 용구 칵테일 셰이커

1 찻주전자에 티를 넣고 그 위로 끓는 물을 부어
  2분 동안 우린다.

2 이렇게 우린 티를 칵테일 셰이커에 따르고 식힌다.
  여기에 화이트럼, 초콜릿비터, 그리고 셰이커를
  가득 채울 정도의 얼음덩이를 넣는다.

제공 몇 초 동안 힘차게 흔든 뒤 여과시켜
칵테일 잔에 따라서 낸다.

포티파이드 아삼(Fortified Assam) 2인분

 온도 100도   우리는 시간 3분   유형 칵테일   우유 미사용

아페리티프로 내는 이 음료는 술을 탄 '티 와인'과 같은 맛이 난다. 졸이는 것은 다른 홍차를
가지고도 할 수 있으며, 여러 주 동안 냉장고에 넣어 두어도 좋고, 냉동하면 여섯 달 동안이나 간다.
아이스티로도 마실 수 있다.

- **아삼** 1테이블스푼
- **끓는 물** 1컵
- **설탕** 3테이블스푼
- **미디엄 드라이 셰리** 175mL
- **레몬 껍질**(썰어 비튼 것) 4조각(고명용)

1 찻주전자에 티를 넣고 끓는 물을 부어 3분 동안 우린다.

2 이렇게 우린 티를 여과시켜 냄비에 담고 설탕을 넣는다.

3 가당 티의 양이 3분의 2로 줄어들 때까지 강불로 약 15분 동안
  끓인다.

4 이렇게 졸인 것을 식힌 뒤에 셰리주를 첨가한다.

제공 이것을 셰리 잔이나 와인 잔에 붓고 레몬 껍질을 고명으로
올려 낸다.

키문 알렉산더 초콜릿 기반의 이 칵테일은 크림과 같은 단맛이 나며 저녁에 실컷 마실 수 있다.

키문 알렉산더(Keemun Alexander) 2인분

 온도 100도　　 우리는 시간 3분　　 유형 칵테일　　 우유 헤비크림

이것은 1910년경에 개발된 진을 기반으로 하는 고전적인 칵테일인 '알렉산더(Alexander)'에 빗댄 것이다. 이 레시피에서는 맛이 풍부한 칵테일을 만들어 내기 위해 초콜릿비터, 걸쭉한 단맛의 기문(祁門, Keemun) 홍차, 헤비크림 등이 '크렘 드 카카오(crème de cacao)'를 대신하고 있다.

- **기문(祁門)** 2테이블스푼
- **끓는 물** 1¾컵
- **다크초콜릿** 20g
- **진** 120mL
- **초콜릿비터** 1티스푼
- **헤비크림** 3테이블스푼

1 찻주전자에 티를 넣고 끓는 물을 부어 3분 동안 우린다.

2 이렇게 우린 티를 여과시켜 피처에 붓고 초콜릿을 넣어 휘저어 녹인 뒤 식게 둔다.

3 완전히 식으면 진, 초콜릿비터, 헤비크림을 넣고 잘 섞일 때까지 젓는다.

제공 이것을 '슈거 림(sugar rim)', 즉 가장자리에 설탕을 묻힌 칵테일 잔에 따라 낸다.

롱아일랜드 아이스티(Long Island Iced Tea) 2인분

 온도 없음　　 우리는 시간 없음　　 유형 칵테일　　 우유 미사용

미국의 이 고전적인 음료에서 유일하게 티처럼 보이는 것은 색깔뿐이다. 아이스티처럼 보이지만 이 독한 음료에 티 같은 기미는 거의 없으므로 속아서는 안 된다.

- **진, 테킬라, 보드카, 화이트럼, 트리플 섹, 단미시럽** 각 30mL
- **레몬주스** 60mL
- **콜라** 120mL
- **얼음덩이**
- **레몬 조각** 2개(고명용)

특별 용구 칵테일 셰이커

1 콜라를 제외한 모든 액상 재료를 칵테일 셰이커에 따른다. 셰이커가 가득 찰 정도의 얼음덩이를 넣은 뒤 몇 초 동안 힘차게 흔든다.

2 이것을 여과시켜 얼음을 채운 키 큰 콜린스 글라스(Collins glass)에 부은 뒤 콜라를 따른다.

제공 이것을 다시 레몬 조각으로 장식한 각각의 잔에 따른 뒤 낸다.

푸얼 상그리아(Pu'er Sangria) 4인분

 온도 100도    우리는 시간 4분   유형 칵테일   우유 미사용

상그리아의 훌륭한 점은 미리 만들어 몇 시간 동안 냉장고에 넣어 두면 맛이 나아지는 것이다.
과일이 와인, 코냑, 보이차를 빨아들여 과일성 진미를 만든다. 자, 숟가락 준비!

- **복숭아** 1개(속을 파내고 얇게 썬 것)
- **딸기** 12개(얇게 썬 것)
- **오렌지** 1개(분할한 것)
- **보이차** 2테이블스푼
- **끓는 물** 1컵
- **그랑 마르니에**(Grand Marnier) 75mL
- **적포도주** 40mL
- **얼음덩이**

1. 용적 1.4L의 피처에 과일을 넣는다.
2. 찻주전자에 티를 넣고 끓는 물을 부어 4분 동안 우린다.
3. 다 식으면 피처에 따른다. 그랑 마르니에, 와인, 얼음덩이 등을 넣고 휘젓는다. 그랑 마르니에는 코냑에 오렌지를 가미한 고급 리큐어이다.

제공 와인 잔에 낸다.

몬순 시즌(Monsoon Season) 4인분

 온도 100도   우리는 시간 없음   유형 칵테일   우유 미사용

레몬을 곁들이는 고전적인 티에 술까지 넣은 이 음료에서는 실론 티를 졸인 것이 강렬한 티 향미를 자아내며,
이 향미는 보드카를 더해도 살아 있다. 리몬첼로(limoncello)는 시큼털털한 레몬과 달콤한 설탕의 향미와 비슷하다.

- **실론 졸인 것** 4테이블스푼 :
  실론 1테이블스푼
  끓는 물 240mL
  설탕 3테이블스푼
- **보드카**와 **리몬첼로** 각 60mL
- **얼음덩이**
- **소다수** 200mL
- **레몬 얇게 썬 것** 4개(고명용)

특별 용구 칵테일 셰이커

1. 실론 티를 졸이려면 187쪽에 소개한 아삼 티를 졸일 때의 방법을 따른다.
2. 실론 티를 졸인 것과 함께 보드카와 리몬첼로를 칵테일 셰이커에 넣고 1분 동안 힘차게 흔든다.

제공 얼음을 반쯤 채운 칵테일 잔에 여과하고 소다수를 더한다.
각각의 잔에 레몬 조각을 얹어 낸다.

프레이그런트 파고다(Fragrant Pagoda) 4인분

 온도 80도   우리는 시간 2분   유형 뜨거운 음료   우유 미사용

군산은침(君山銀針)은 매우 희귀한 황차로서 중국 후난성의 둥팅호에서 유래한다. 황차는 향미가
매우 미묘한 티이기 때문에 이 레시피는 향미를 다소 약하게 한 것이다. 엘더플라워로 담근 리큐어를
몇 방울 떨어뜨리면 효과를 낼 수 있지만, 티의 달콤한 맛이 살아 있도록 주의한다.

- **군산은침** 3테이블스푼
- **80도로 데운 물** 900mL
- **엘더플라워 리큐어** 10방울

1 찻주전자에 군산은침을 넣고 뜨거운 물을 부어
2분 동안 우린다.

2 이것을 여과시키기에 앞서 엘더플라워 리큐어를
몇 방울 더한다. 약간량의 찻잎은 고명용으로 따로
둔다.

제공 이것을 여과시켜 컵이나 머그잔에 부은 뒤 남은
찻잎을 고명으로 얹어 낸다.

달콤하고
미묘하며
순하다

서머 팰리스(Summer Palace) 2인분

 온도 80도   우리는 시간 2분   유형 차가운 음료   우유 미사용

곽산황아(霍山黃芽)(Huo Shan Huang Ya)는 약간 훈훈한 느낌이 강하면서 부드럽고 우아한 황차이다.
얼음으로 차게 하면 카람볼라 열매(carambola, star fruit)에서 유래하는 사과와도 같은 달콤한 맛을 지니기
때문에 부드럽고 깨끗한 갈증 해소용 음료가 된다. 이 미묘한 음료는 풋풋한 과일 같은 맛을 지닌다.

- **카람볼라 열매** 1개(얇게 썬 것), 그리고
  2개(고명용으로 얇게 썬 것)
- **끓는 물** 100mL, 80도로 **데운 물** 400mL
- **곽산황아** 2테이블스푼
- **꿀** 2티스푼
- **얼음덩이**

1 카람볼라 열매를 찻주전자에 넣는다. 끓는 물을 붓고
1분 동안 우린다.

2 찻주전자에 티와 80도로 데운 물을 넣고 다시
2분 더 우린다.

3 그렇게 우린 티를 여과시켜 2개의 텀블러에 나눈 뒤
꿀을 넣고 젓는다. 잠시 식힌 뒤 얼음덩이를 넣고
휘젓는다.

제공 여기에 카람볼라 열매의 조각을 고명으로 올려 낸다.

버블티(bubble tea)

과일이나 우유와 함께 마시는 향미 좋은 버블티의 이름은 타이완에서는 '버블(bubble)'이라고도 불리는 식감이 쫀득쫀득한 '타피오카 펄(tapioca pearl)'에서 유래한다. 이 타피오카 펄은 독특한 질감과 달콤한 맛, 그리고 시각적 매력을 더해 준다. 버블티는 1980년대 초 타이완에서 시작된 뒤 즐겁게 마실 수 있는 다목적 음료로서 전 세계적으로 인기를 끌고 있다.

토란 버블티를 만드는 법

거품이 생기는 이 인기 좋은 음료의 멋진 자주색과 밀크셰이크와도 같은 농도는 섬유질이 풍부한 토란 진액에서 나온다. 타피오카의 녹말로 만들어지는 타피오카 펄(tapioca pearl)은 부드럽고 쫀득쫀득하게 씹히며 약간 달콤한 버블로서 이 손쉬운 레시피에 재미를 자아내는 성분이다. 이들 버블은 텀블러 바닥으로 가라앉았다가 굵은 빨대를 통해 빨려 올라간다.

준비물

재료

- 5분 조리용 **타피오카 펄** 150g
  (4인분의 보바를 만들기에 충분)
- **설탕** 225g
- **토란** 200g(껍질을 벗기고 썬 것)
- **꿀이나 설탕**(단맛 내기용)

특별 용구 휴대용 믹서

1 큰 냄비에 물 2L를 끓인 뒤 타피오카 펄을 넣는다. 펄이 표면으로 올라오고 부드러워지기 시작할 때까지 1~2분 동안 부글부글 끓인다. 중불로 낮춘 뒤 뚜껑을 덮고 5분간 더 뜸을 들인다.

2 구멍이 난 수저로 타피오카 펄을 덜어 찬물이 담긴 그릇에 넣음으로써 서로 달라붙는 것을 막는다. 물 240mL에 설탕을 넣고 2분 동안 끓인다. 식힌 뒤 이 설탕 시럽에 15분 동안 타피오카 펄을 담근다.

토란
다용도 식재료인 토란은 볶거나 삶거나 구울 수 있으며, 칼륨과 섬유질이 풍부하다.

3 토란 진액을 만들려면 물 480mL에 토란을 넣고 부드러워질 때까지 약 20분 동안 삶는다. 불에서 들어내고 물을 뺀다. 믹서에 토란을 넣고 시원한 물이나 우유를 더해, 마실 만한 농도가 될 때까지 믹서를 작동시킨다. 꿀이나 설탕으로 단맛을 낸다. 텀블러 2개에 나눠 따르고 준비된 타이오카 펄을 각각 4분의 1씩 넣는다.

토란 버블티
즐거움을 자아내는 이 음료는 갓 만든
타피오카 펄과 함께 마시는 것이 가장 좋다.

'파핑(툭 터지는)' 스피어(구슬) 만드는 법

스피어리피케이션(spherification)은 액체를 구슬처럼 만드는 조리 과정이다. 미식가를 위한 이 알갱이 스케일의 테크닉은 이제 인기 높은 버블티의 세계로 들어와, 전통적인 타피오카 펄 대신에 사용하기 위해 광범위한 주스와 티를 가지고 '툭 터지는' 구슬이나 버블을 만드는 실험에 사용되고 있다. 이 버블은 서양에서는 '거품'을 뜻해 '보바(boba)'라는 말이 대신 사용된다.

준비물

재료

- **알긴산나트륨 가루** 6g
- **염화칼슘 가루** 10g
- 알긴산나트륨에 향미를 가하는 **주스, 티잼 또는 티**

특별 용구

- 휴대용 믹서
- 주사기나 스퀴즈보틀
  (squeeze bottle)

1 깊숙한 그릇에 든 650mL의 물에 알긴산나트륨을 넣는다. 5~10분 동안 믹서를 작동시킨다. 2L 용적의 조리용 냄비로 옮겨 끓인다. 불에서 들어내고 다시 그릇에 옮긴 뒤 식힌다.

2 별도의 그릇에 식힌 알긴산나트륨과 주스 또는 농도가 짙은 티를 3 대 2의 비율로 혼합한다. 다른 깊숙한 그릇에 염화칼슘을 물 2L에 넣고 1~2분 저으면서 녹인다. 이렇게 하면 무색의 액체가 만들어진다.

버블을 만드는 데 너무 많은 시간을 소비하기 싫은 경우에는 이 레시피의 분량을 절반으로 줄여도 무방하다.

3 주사기나 스퀴즈보틀을 사용해 알긴산나트륨 혼합물의 작은 방울을 한 방울씩 염화칼슘 용액이 든 그릇에 떨어뜨린다.

4 구멍이 뚫린 수저로 버블을 덜어 낸다. 이때 버블은 불과 몇 시간 만에 딱딱해지기 때문에 곧바로 버블티로 내야 한다. 선택한 티 2컵을 2개의 텀블러에 따르고 각각 4분의 1 분량의 버블을 넣는다.

파핑 스피어스 주스나 향미가 있는 액체로
채워진 작은 크기의 구체는 어떤
버블티에서도 놀라움을 자아낸다.

버블티(보바티)의 향미

일단 버블티(서양에서의 보바티)를 만드는 전통적인 방법(192쪽 참조)을 배웠다면 이제는 다른 여러 가지 풍미의
조합으로 실험을 시작해 볼 수 있다. 여러 종류의 티, 티잰, 과일 인퓨전으로 시도해 보면 버블티(보바티)를
얼마나 다양하게 활용할 수 있는지 알게 될 것이다. 여기서는 가정에서 직접 해볼 만한 몇몇 예들을 소개한다.

거품

아삼 티, 망고,
꿀을 섞은 것

선명한 타피오카 보바

홍차·망고

바디감이 풍부한 아삼 티와 망고를 함께
섞는다. 여기에 생꿀을 더해 맛을 낸다.
색상이 선명한 타피오카 보바와 함께 낸다.
망고의 맛이 더할 나위 없이 좋다!

거품

파인애플과 코코넛
워터를 섞은 것

파인애플 주스가
든 보바

파인애플·코코넛

코코넛 워터와 파인애플의 조각을 섞고
파인애플 주스가 든 보바를 넣는다.

전통적인 차이

초콜릿 밀크가
든 보바

차이(chai)

전통적인 차이를 만든다. 여기에 약간의
놀라움을 자아내려면 초콜릿밀크가 든
보바를 넣는다.

민트 티에
맛차를 섞은 것

민트 티가 든
보바

맛차·민트

민트 티에 맛차 가루를 넣고 휘젓는다.
민트 티가 든 보바를 넣는다.

코코아 가루,
아몬드밀크, 꿀

타피오카 보바

초콜릿·아몬드밀크

생꿀을 넣은 아몬드밀크에 무가당 코코아
가루를 섞고 타피오카 보바를 더한다.

우롱차

살구 주스가 든
보바

철관음 우롱차

살구 주스가 든 보바를 향이 아주 좋은
우롱차에 넣는다.

기본 재료(텀블러 2개용)

- **준비된 티** 500mL
- **과일 퓌레** 240mL(지정된 경우)
- **보바** 240mL
- **얼음덩이** 6개(지정된 경우)

쫄깃한 식감의 보바는 이 음료에 질감과 흥미를 더해 준다.

주차 녹차와
코코넛밀크

코코넛밀크가
든 보바

주차(珠茶)·코코넛

녹차인 주차에 코코넛밀크를 섞는다. 여기에
코코넛밀크가 든 보바를 넣는다.

백모단과
라이스밀크

배즙이 든 보바

백모단·라이스밀크

설탕을 넣고 데운 라이스밀크와 백모단을
섞고, 배즙이 든 보바를 넣는다.

캐모마일 허브티와
아몬드밀크

파인애플 주스가
든 보바

캐모마일·아몬드밀크

캐모마일을 우린 허브티와 데운
아몬드밀크를 섞고 파인애플 주스가 든
보바를 넣는다.

꿀을 넣고 우린
페퍼민트 허브티

얼음덩이

레모네이드가
든 보바

허니·페퍼민트

페퍼민트를 우린 허브티에 얼음덩이와
생꿀을 넣는다. 레모네이드가 든
보바를 넣는다.

거품

캐모마일 허브티, 오렌지,
파인애플, 꿀 섞은 것

얼음덩이

코코넛밀크가 든
보바

오렌지·파인애플·캐모마일

캐모마일을 우린 허브티에 과일과 얼음덩이,
그리고 생꿀을 섞는다. 코코넛밀크가 든
보바를 더한다.

생강을 넣은
아몬드밀크

진저에일이 든
보바

생강·아몬드밀크

가당 아몬드밀크에 잘게 썬 생강을 넣고
끓이고 여과한 것에 진저에일이 든
보바를 넣는다.

제스티 툴시(Zesty Tulsi) 4인분

 온도 100도   우리는 시간 5분   유형 뜨거운 음료   우유 미사용

'홀리바질'이라고도 하는 툴시는 블랙페퍼콘과 아니스를 연상시키는 강한 향신료의 맛과 달콤한 풍미를
지닌다. 오렌지와 시나몬이 결합되면 톡 쏘는 듯한 떫은맛이 나타난다.

- **시나몬 스틱**(길이 7.5cm) 3개(바순 것)
- **오렌지 껍질** 3티스푼, **오렌지 얇게 썬 것**
  4개(고명용)
- **끓는 물** 870mL
- **툴시 잎** 4테이블스푼

1 시나몬과 오렌지 껍질을 찻주전자에 넣는다. 끓는 물
  120mL를 붓고 따로 둔다.
2 별도의 주전자에 툴시 잎을 넣고 남은 물을 부어
  5분 동안 우린다.
3 시나몬과 오렌지를 넣고 우린 것(1)에 툴시 진액을
  여과시켜 붓는다.

제공 이것을 여과시켜 머그잔에 부은 뒤 얇게 썬
오렌지 조각을 각각 고명으로 올려 낸다.

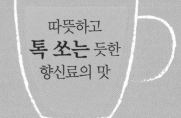

따뜻하고
톡 쏘는 듯한
향신료의 맛

애플·진저·루이보스(Apple Ginger Rooibos) 4인분

 온도 100도   우리는 시간 6분   유형 뜨거운 음료   우유 미사용

루이보스는 과일과 향신료가 더해짐으로써 과일 맛이 난다. 싱싱한 진저(생강)와 사과는
단맛과 원기를 더해 준다. 이 티는 목구멍이 아플 때 효과를 발휘하며, 저녁에 마시면 카페인 염려 없이
활기를 되찾는 데 도움이 된다.

- **사과** 1개(속을 파내고 깍둑썰기한 것),
  고명용으로 얇게 썬 것 4개
- 강판에 간 **생강** ½티스푼
- **끓는 물** 870mL
- **루이보스 잎** 3테이블스푼

1 사과와 진저(생강)를 찻주전자에 넣고 끓는 물 120mL를 부어 따로
  두어 우린다.
2 별도의 찻주전자에 루이보스 잎을 넣고 남은 물을 부어 6분 동안
  우린다.
3 루이보스를 우린 것(2)에 과일을 우린 것을 여과시켜 부은 뒤
  1분 동안 둔다.

제공 이것을 여과시켜 컵이나 머그잔에 따른 뒤 얇게 썬 사과를
고명으로 올려 낸다.

베이 사이드 빌라(Bay Side Villa) 4인분

 온도 100도   우리는 시간 5분   유형 뜨거운 음료   우유 미사용

지중해식 요리에 흔히 사용되는 허브인 월계수(베이)에는 짭짜름한 향미가 있다.
월계수와 함께 우린 무화과에 달콤하면서도 과일 향미의 허브티를 부으면 맛이 매우 훌륭하다.

- **무화과** 8개(얇게 썬 것)
- 싱싱하거나 건조시킨 **월계수 잎** 3장
  (찢은 것)
- **리코리스(감초) 가루** 1자밤
- **끓는 물** 900mL

특별 용구 머들러나 절굿공이

1 그릇에 무화과를 담고 머들러나 절굿공이로 찧는다.
2 찻주전자에 무화과와 월계수 잎을 넣고 리코리스(감초)
  가루를 뿌린 뒤 끓는 물을 붓고 5분 동안 우린다.

제공 이것을 여과시켜 컵에 따른 뒤 뜨거운 음료로 낸다.

로스티드 치커리 모카(Roasted Chicory Mocha) 4인분

 온도 100도   우리는 시간 4분   유형 뜨거운 음료   우유 (선택)

카카오 콩은 생것 상태로는 약간 쓴맛을 지니지만, 항산화 성분이 가득 차 있다. 한편 오랫동안
커피 대신으로 사용되기도 했던 볶은 치커리는 신체에서 독성을 제거하고 소화를 돕는다.
이 음료에는 이처럼 좋은 점이 많다.

- 볶고 거칠게 간 **치커리 뿌리** 2테이블스푼
- **생카카오 콩** 12개(으깬 것)
- **끓는 물** 900mL
- 맛을 내기 위한 **꿀**이나 **설탕**
- **다크초콜릿** 정사각형 4개(음료를 낼 때 사용)

1 볶은 치커리와 카카오 콩(외피 포함)을
  찻주전자에 넣는다.
2 끓는 물을 부어 따로 두면서 4분 동안 우린다.
3 이렇게 우린 것을 여과시켜 컵이나 머그잔에
  따르고 꿀이나 설탕으로 단맛을 낸다.

제공 정사각형 다크초콜릿 1개씩과 함께 낸다.

라즈베리·레몬버베나(Raspberry Lemon Verbena) 4인분

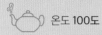 온도 100도　　　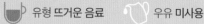 우리는 시간 4분　　　유형 뜨거운 음료　　　우유 미사용

라즈베리는 아름다운 산호색을 띠며, 진정 및 치유 효능을 발휘하고,
소화를 돕는 천연 강장제인 버베나와 함께 이 티잰의 장점을 강화해 준다.
레몬버베나에도 레몬과 같은 톡 쏘는 맛이 있지만 신맛은 없다.

- 싱싱하거나 냉동한 **라즈베리** 큰 것
  10개(그리고 고명용 여분 4개)
- **건조 레몬버베나 잎** 3테이블스푼
- **끓는 물** 900mL

특별 용구 머들러나 절굿공이

1 찻주전자에 라즈베리를 넣고 머들러나 절굿공이를 사용해 찧는다.

2 여기에 레몬버베나 잎을 넣고 끓는 물을 부어 4분 동안 우린다.

제공 이렇게 우린 것을 여과시켜 컵이나 머그잔에 따르고 라즈베리를
고명으로 올려 낸다.

레드부시 메도(Redbush Meadow) 4인분

 온도 100　　　 우리는 시간 4분　　　유형 뜨거운 음료　　　우유 미사용

이 고전적인 음료에 사용되는 재료들은 모두 건조시킨 것이다. 캐모마일과 라벤더는 몸과 마음을
진정시키고 위안을 주는 효능이 있다. 항산화 성분이 풍부한 루이보스는 이 음료에 강한 염기성 향미와
구리와 같은 아름다운 진홍색을 만들어 낸다.

- **루이보스 잎** 1테이블스푼
- **캐모마일 꽃** 3테이블스푼
  (그리고 고명용 여분)
- **라벤더 꽃봉오리** 약 30개
  (그리고 고명용 여분)
- **끓는 물** 900mL

1 루이보스 잎, 캐모마일 꽃과 라벤더 꽃을
찻주전자에 넣고 끓는 물을 부어 4분 동안
우린다.

2 이렇게 우린 것을 여과시켜 컵이나 머그잔에
따른다.

제공 여기에 약간의 라벤더 꽃과 캐모마일 꽃을
고명으로 올려 낸다.

몸과 마음을
진정시키는
향

라즈베리·레몬버베나
톡 쏘는 듯한 과일의 맛과 동시에
진정 효능을 지닌 기분 좋은 색상의 티.

스피링 이즈 히어(Spring Is Here) 4인분

 온도 100도　　 우리는 시간 5분　　 유형 뜨거운 음료　　 우유 미사용

엘더플라워는 향이 매우 강하기 때문에 티잰으로 우릴 때 매우 소량으로 사용해야 한다.
멀베리(뽕) 잎은 천연 감미료의 효과를 낸다. 이들 두 허브가 조화를 이루면서
미묘한 균형을 이룬다.

- **건조 멀베리(뽕) 잎** 5테이블스푼
- **건조 엘더플라워** 2티스푼
- **끓는 물** 900mL

1　멀베리(뽕) 잎과 엘더베리를 찻주전자에
　넣는다.

2　끓는 물을 부어 5분 동안 우린다.

제공　이렇게 우린 것을 여과시켜 컵이나
머그잔에 따라 뜨거운 음료로 낸다.

몸과 마음을
진정시키며 맛이 매우
달콤하고
미묘하다

펜넬·레몬그라스·배
(Fennel, Lemongrass, and Pear) 4인분

 온도 100도　　 우리는 시간 5분　　 유형 뜨거운 음료　　 우유 미사용

레몬그라스는 강력한 항산화 효능이 있고, 펜넬은 소화를 돕고 소염제 기능을 하며 해독 효능까지 있는
멀티 효능의 허브이다. 그것들이 함께 어우러져 달콤하고 원기를 북돋우는 이 음료에 상승효과를 낸다.

- **배** 1개(속을 파내고 얇게 썬 것)
- **건조 레몬그라스** 1½티스푼
- **펜넬 씨** 1티스푼
- **끓는 물** 900mL
특별 용구 머들러 또는 절굿공이

1　얇게 썬 배 절반을 머들러나 절굿공이를 사용해 찧는다. 이것을
　나머지 배, 레몬그라스, 펜넬 씨와 함께 찻주전자에 넣는다.

2　여기에 끓는 물을 부어 5분 동안 우린다.

제공　이렇게 우린 것을 여과시켜 컵이나 머그잔에 따라 뜨거운 음료로
낸다.

죽엽·캐모마일·파인애플
(Bamboo Leaf, Chamomile, and Pineapple) 4인분

 온도 100도   우리는 시간 5분   유형 뜨거운 음료   우유 미사용

깃털같이 가벼운 죽엽은 컵에 싱그러운 녹색을 띠게 한다. 카페인을 원하지 않을 때 녹차 대용으로
기분 좋게 마실 수 있다. 파인애플을 첨가하면 캐모마일에 천연 과일의 향미를 강화해 준다.

- **건조 죽엽** 8테이블스푼(고명용 약간 별도)
- **건조 캐모마일 꽃** 1테이블스푼
- **파인애플** 65g(깍둑썰기한 것)
- **끓는 물** 900mL

1 죽엽, 캐모마일, 파인애플을 찻주전자에 넣는다.

2 여기에 끓는 물을 부어 5분 동안 우린다.

제공 밝은 녹색을 띠는 이 티잰을 여과시켜 색상이 두드러지게
하얀 자기 찻잔에 따른다. 여기에 약간의 죽엽을 고명으로 올려
뜨거운 음료로 낸다.

로즈힙·생강·레몬(Rose Hip, Ginger, and Lemon) 4인분

 온도 100도   우리는 시간 5분   유형 뜨거운 음료   우유 미사용

이 음료에는 건강 효능이 훌륭한 고전적인 재료들이 들어 있다. 로즈힙에는 비타민 C가 풍부하고,
생강과 레몬은 그뿐만 아니라 감기 예방 효능과 소염 효능도 있다.

- **건조 로즈힙** 20g(약 25개, 바순다)
- 강판에 간 **생강** ½티스푼
- **레몬 껍질** ½티스푼, 그리고 얇게 썬 것
  4개(고명용)
- **끓는 물** 900mL
- **꿀**(고명용, 선택)

1 로즈힙, 생강, 레몬 껍질을 찻주전자에 넣고
   끓는 물을 부어 5분 동안 우린다.

2 이렇게 우린 것을 여과시켜 컵이나 머그잔에 따른다.

제공 여기에 얇게 썬 레몬을 고명으로 얹고,
취향에 따라 꿀을 넣어 뜨거운 음료로 낸다.

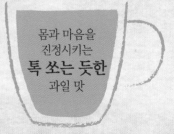

몸과 마음을
진정시키는
톡 쏘는 듯한
과일 맛

로지 루이보스(Rosy Rooibos)   2인분

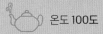 온도 100도    우리는 시간 5분   유형 차가운 음료   우유 미사용

루이보스를 다른 향미의 재료들과 블렌딩할 때는 서두르지 않는 것이 좋다. 루이보스는 아름답고 짙은 호박색을 자아내며, 이 경우에는 로즈버드(장미꽃 봉오리)와 바닐라가 아주 잘 어울린다.

- **로즈버드**(약간 부순 것) 2테이블스푼
- **루이보스 잎** 1테이블스푼
- **바닐라 꼬투리** 2.5cm(둘로 나눈다)
- **끓는 물** 500mL
- **얼음덩이**

1 로즈버드, 루이보스 잎, 바닐라 꼬투리를 찻주전자에 넣고 끓는 물을 부어 5분 동안 우린다. 로즈버드 2개는 고명용으로 남긴다.

2 이렇게 우린 것을 여과시켜 유리 찻잔에 따른 뒤 식힌다.

제공 여기에 얼음덩이를 넣고 여분의 로즈버드를 유리 찻잔에 각각 하나씩 고명으로 올려 낸다.

쿨 애즈 어 큐컴버(Cool as a Cucumber)   2인분

 온도 100도    우리는 시간 5분   유형 차가운 음료   우유 미사용

재료들은 한창 때의 여름을 연상시킨다. 말린 허브를 사용하면 허브에 생기가 없기 때문에 이 레시피에서는 싱싱한 바질과 민트를 사용하는 것이 바람직하다. 깔끔한 맛이 상쾌하면서 갈증도 해소시킨다.

- **민트 잎**(찢은 것) 1테이블스푼
- **바질 잎**(찢은 것) 1테이블스푼
- **오이** ½개(얇게 썬 것)
- **끓는 물** 500mL
- **얼음덩이**

특별 용구 머들러 또는 절굿공이

1 민트와 바질 잎을 찢어 즙을 낸다.

2 이렇게 찢은 허브들을 찻주전자에 넣고 끓는 물을 부어 5분 동안 우리고 식힌다.

3 얇게 썬 오이를 2개의 텀블러에 나눠 넣고 그 위에 식힌 허브티(2)를 따른다.

제공 이 텀블러에 얼음덩이를 넣어 차가운 음료로 낸다.

로지 루이보스 카페인이 없고
얼음과 함께 내는 이 티잰은 향기가
좋고 맛이 달콤하다. 보기에
사랑스러운 만큼 맛도 훌륭하다.

메이 투 셉템버(May to September) 2인분

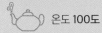 온도 100도   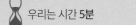 우리는 시간 5분   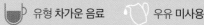 유형 차가운 음료   우유 미사용

엘더플라워는 초여름에 피고 엘더베리는 여름의 끝을 알린다. 여기서는 둘 다 모두
오직 건조시킨 것만 사용된다. 엘더베리의 수정과도 같은 맑은 석류색은 따뜻한 날씨에 마시는
아이스티에 우아함을 더해 준다.

- **건조 엘더플라워** 1테이블스푼
- **건조 엘더베리** 1¼티스푼
- **끓는 물** 500mL
- **꿀** 1티스푼
- **얼음덩이**

1 엘더플라워와 엘더베리를 찻주전자에 넣고 끓는 물을 부어 5분
   동안 우린다.
2 이렇게 우린 것을 여과시켜 유리 피처에 넣고 꿀을 넣어 휘저은 뒤
   식힌다. 우린 엘더플라워의 일부는 고명용으로 따로 둔다.

제공 이렇게 식힌 것을 텀블러 2개에 나눠 따르고 얼음덩이를 넣어
휘젓는다. 그리고 남겨 둔 엘더플라워를 각각의 텀블러에 고명으로
올려 낸다.

레드클로버, 레드클로버!(Red Clover, Red Clover!) 2인분

 온도 100도   우리는 시간 5분   유형 차가운 음료   우유 미사용

캐모마일은 달콤하면서도 주도적인 향을 응축하고 있다. 여기서는 레드클로버 꽃의 향미를
압도하지 않게 소량만 사용한다. 두 가지 모두 몸과 마음을 진정시키는 허브이다. 또 사과에는
소염 효능이 있다.

- **건조 캐모마일 꽃** 1테이블스푼
- **건조 레드클로버 꽃** 3테이블스푼
  (살짝 부러뜨린 것)
- **사과** 큰 것 1개(작게 깍둑썰기한 것),
  고명용으로 얇게 썬 것 4개
- **끓는 물** 500mL
- **얼음덩이**

1 캐모마일과 레드클로버의 꽃을 사과와 함께 찻주전자에 넣고
   끓는 물을 부어 5분 동안 우린다.
2 이렇게 우린 것을 여과시켜 유리 피처에 넣고 식힌다.

제공 이것을 2개의 텀블러에 따르고 얼음덩이를 넣고 휘젓는다.
그 위에 얇게 썬 사과를 고명으로 올려 낸다.

아이시 진저·예르바마테(Icy Ginger Yerba Mate) 2인분

 온도 90도　　 우리는 시간 5분　　유형 차가운 음료　　우유 미사용

남아메리카에서는 예르바마테를 전통적으로 박으로 만든 용기에 내고,
손님들은 봄비야 빨대로 홀짝거리면서 용기를 주고받는다. 여기서 소개하는 것은
얼음을 넣고 생강과 꿀을 가미해 원기를 북돋워 주는 음료이다.

- **예르바마테 잎** 2테이블스푼
- 강판에 간 **생강** ½티스푼
- 90도로 **데운 물** 500mL
- **꿀** 1티스푼
- **얼음덩이**

1 예르바마테 잎과 생강을 찻주전자에 넣고 뜨거운
　물을 부어 5분 동안 우린다.

2 이렇게 우린 것을 여과시켜 유리 피처에 넣고 꿀을
　더한 뒤 휘젓는다. 잠시 식힌 뒤에 냉장고에 넣어
　차게 한다.

제공 이렇게 냉각된 티잰을 2개의 텀블러에 나눠
따르고 얼음덩이를 넣어 차가운 음료로 낸다.

아니스·블랙체리(Anise and Black Cherry) 2인분

 온도 100도　　 우리는 시간 5분　　유형 차가운 음료　　우유 미사용

아니스는 천연의 단맛으로 감초와 같은 향미가 두드러지며, 블랙체리의 과당과 훌륭하게
조화를 이룬다. 그리고 과일 맛이 강한 이 음료에 의외의 향신료가 더해진 것 같다.

- **블랙체리**(싱싱한 것 또는 냉동한 것) 20개
  (씨를 빼고 둘로 쪼갠 것), 고명용은 별도
- **아니스 씨** 1티스푼
- **끓는 물** 500mL
- **얼음덩이**

특별 용구 머들러 또는 절굿공이

1 머들러나 절굿공이를 가지고 찻주전자에 든
　블랙체리를 찧는다. 여기에 아니스 씨와
　끓는 물을 부어 5분 동안 우린다.

2 이렇게 우린 것을 여과시켜 유리 피처에 넣고
　식힌 뒤 냉장고에 넣어 냉각시킨다.

3 냉장된 것을 꺼내 얼음덩이를 넣고 휘젓는다.

제공 이것을 2개의 텀블러에 따르고 여분의
체리를 고명으로 얹어 낸다.

핵과와
달콤한
감초맛

아이스 라임·마테(Iced Lime Mate)　2인분

 온도 100도　　　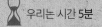 우리는 시간 5분　　　 유형 차가운 음료　　　 우유 미사용

오래된 남아메리카의 허브인 예르바마테는 감탕나뭇과에 속한다. 약간 쓴맛이 있지만 전통을 고집하는 사람들은 그것을 달게 만들지 않을 것이다. 여기서는 리코리스(감초)가 단맛을 내고, 라임이 그들의 향미를 조화롭게 만든다.

- **예르바마테 잎** 2테이블스푼
- 빻은 **리코리스** ½티스푼
- **라임 껍질** 1티스푼, 고명용으로 얇게 썬 것 2조각
- **끓는 물** 500mL
- **얼음덩이**

1 예르바마테 잎, 리코리스, 라임 껍질을 찻주전자에 넣고 끓는 물을 부어 5분 동안 우린다.

2 이렇게 우린 것을 유리 피처에 넣고 식힌다.

제공 이것을 텀블러 2개에 나눠 따르고 얼음덩이를 넣고 휘젓는다. 각각의 텀블러에 라임 조각을 고명으로 올려 낸다.

달콤하면서 **매캐한** 감귤 맛

로지 시트러스 프로스트(Rosy Citrus Frost)　2인분

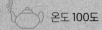 온도 100도　　　 우리는 시간 4분　　　 유형 차가운 음료　　　 우유 미사용

히비스커스를 우리면 아름다운 진홍색을 띠기 때문에 배리에이션에서 자주 사용된다. 꿀은 로즈힙과 히비스커스의 시큼새콤한 맛을 줄인다. 이는 환상적인 강장제이자 소화제, 그리고 감기약이 되기도 한다.

- **건조 히비스커스 꽃/플로르 데 하마이카**(flor de jamaica) 1티스푼
- **로즈힙** 8개(으깬 것)
- **정향** 3개
- **오렌지 껍질** 1티스푼, 고명용 **오렌지 얇게 썬 것** 2개
- **끓는 물** 500mL
- **꿀** 4티스푼
- **얼음덩이**

1 히비스커스와 로즈힙을 정향, 오렌지 껍질과 함께 찻주전자에 넣는다.

2 여기에 끓는 물을 부어 4분 동안 우린다.

3 이를 여과시켜 유리 피처에 붓고 꿀을 넣어 휘저은 뒤 식힌다.

제공 이렇게 식힌 것을 얼음덩이를 채운 텀블러 2개에 나눠 따르고 얇게 썬 오렌지를 고명으로 올려 낸다.

크렘 드 카시스(Crème de Cassis) 2인분

 온도 100도   우리는 시간 5분   유형 칵테일   우유 미사용

블랙커런트(black currant, *Ribes nigrum*)로 만드는 검은색의 달콤한 리큐어인 크렘 드 카시스가
이 음료에서 달콤한 향미를 두드러지게 한다. 지중해 요리에 인기가 높은 펜넬은 리코리스와도 같은
효과를 내면서 마시는 사람에게 놀라움을 자아낸다.

- **펜넬 씨**(으깬 것) 3테이블스푼
- **끓는 물** 400mL
- **보드카** 60mL
- **크렘 드 카시스** 60mL
- **얼음덩이**

특별 용구 칵테일 셰이커

1 펜넬 씨를 찻주전자에 넣고 끓는 물을 부어 5분 동안 우린다.

2 이렇게 우린 것을 여과시켜 칵테일 셰이커에 넣고 식힌다.

3 이것을 보드카, 크렘 드 카시스와 함께 얼음덩이를 칵테일 셰이커에
가득 채울 정도로 넣고 약 30초 동안 힘차게 흔든다.

제공 이것을 여과시켜 칵테일 잔 2개에 나눠 따르고 낸다.

서던 베란다(Southern Veranda) 2인분

 온도 100도    우리는 시간 5분   유형 칵테일   우유 미사용

캐모마일은 버번의 매캐한 연기 냄새에 의해 완벽하게 터뜨려지는 뚜렷한 파인애플의 향을 가지고 있다.
향이 짙은 이 칵테일은 여름날 저녁에 달콤한 맛을 실컷 누리게 해 준다.

- **건조 캐모마일 꽃** 5테이블스푼
- **끓는 물** 400mL
- **버번** 120mL
- **라벤더 비터** ½티스푼
- **얼음덩이**

특별 용구 칵테일 셰이커

1 찻주전자에 캐모마일 꽃을 넣고 끓는 물을 부어
5분 동안 우린다. 이것을 여과시켜 칵테일
셰이커에 넣고 식힌다.

2 여기에 버번, 라벤더 비터, 칵테일 셰이커를 가득
채울 정도의 얼음덩이를 넣고 몇 초간 힘차게
흔든다.

제공 이것을 여과시켜 칵테일 잔 2개에 나눠 따른다.

루이부즈(Rooibooze) 2인분

 온도 100도    우리는 시간 5분   유형 칵테일   우유 미사용

고전적인 칵테일 마티니(martini)를 '티티니(teatini)'나 '마르티니(mar-tea-ni)'로 바꾸자.
진에 연상되는 노간주나무의 맛을 내기 위해 흔히 사용하는 드라이 베르무트 대신 스위트 베르무트와
결합시킨다. 루이보스의 풍부한 과일 맛은 굳이 피할 것까지 있을까?

- **루이보스 잎** 2테이블스푼
- **끓는 물** 400mL
- **진** 60mL
- **스위트 베르무트** 60mL
- **얼음덩이**
- **라임 껍질**(비틀어진 것) 4조각(고명용)

특별 용구 칵테일 셰이커

1 루이보스 잎을 찻주전자에 넣고 끓는 물을 부어 5분 동안 우린다.

2 이렇게 우린 것을 여과시켜 칵테일 셰이커에 넣고 식힌다.

3 여기에 진, 베르무트, 얼음덩이를 가득 넣고 몇 초 동안 힘차게
   흔든다.

제공 이것을 여과시킨 뒤 칵테일 잔에 따르고 라임 껍질을 고명으로
올려 낸다.

레몬 예르바첼로(Lemon Yerbacello) 2인분

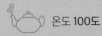 온도 100도    우리는 시간 5분   유형 칵테일   우유 미사용

예르바마테가 녹차와도 같은 맛이 난다고 묘사하는 사람도 있지만, 약한 담배 냄새가 나기도 한다.
따라서 리몬첼로와 훌륭한 블렌드를 이룬다. 그렇지만 단맛이 있기 때문에 반드시 얼음과 함께 내야 한다.

- **예르바마테 잎** 3테이블스푼
- **끓는 물** 400mL
- **리몬첼로** 120mL
- **얼음덩이**
- **레몬 껍질**(비틀어진 것) 4개(고명용)

특별 용구 칵테일 셰이커

1 예르바마테 잎을 찻주전자에 넣고 끓는 물을 부어 5분 동안 우린다.

2 이렇게 우린 것을 여과시켜 칵테일 셰이커에 넣고 식힌다.

3 리몬첼로와 얼음덩이로 칵테일 셰이커를 가득 채워 몇 초 동안
   힘차게 흔든다.

제공 이것을 여과시켜 칵테일 잔에 따르고 레몬 껍질(비틀어진 것)을
고명으로 올려 낸다.

루이부즈 고전적인 칵테일인 마티니를 허브, 감귤, 과일 등으로 재미있게 변형시킨 것

오렌지 스파이스 스무디(Orange Spice Smoothie) 2인분

 온도 없음   우리는 시간 없음   유형 스무디   우유 아몬드밀크

시원하고 감귤과도 같은 맛이 나는 이 크림색 스무디는 비타민 C가 풍부하다. 오렌지 껍질과 생강의
해독과 진정 효능이야말로 아침에 마시는 음료에서 우리가 진정으로 원하는 것이다.

- **오렌지** 1개의 즙, 강판에 간 **오렌지 껍질**
  1티스푼
- 강판에 간 **생강** ½티스푼
- **플레인 저지방 요구르트** 350mL
- **대마 씨** 2티스푼
- **가당 아몬드밀크** 120mL

특별 용구 믹서

1 오렌지 즙과 껍질, 생강, 요구르트, 대마 씨를
   믹서에 넣고 간다.

2 믹서에 아몬드밀크를 붓고 혼합물이
   크림색이 될 때까지 작동시킨다.

제공 이것을 텀블러 2개에 나눠 따르고 곧바로 낸다.

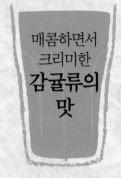

매콤하면서
크리미한
**감귤류의
맛**

오스만투스 프라페(Osmanthus Frappé) 2인분

 온도 100도   우리는 시간 5분   유형 프라페   우유 미사용

달콤하고 진정 효능으로 그 향이 높이 평가되는 오스만투스 꽃은 녹차에도 가끔 블렌딩된다.
여기서는 라이치(lychee)(또는 리치) 열매와 잘 어울려, 거품이 있지만 부드러운 음료가 만들어진다.

- **건조 오스만투스 꽃** 1테이블스푼
- **끓는 물** 240mL
- **캔 리치 시럽** 4테이블스푼
- 캔에서 꺼낸 **리치 열매** 8개
- **코코넛 워터** 240mL
- **얼음덩이** 4개

특별 용구 믹서

1 오스만투스 꽃을 찻주전자에 넣고 끓는 물을 부어 5분 동안 우린 뒤
   식힌다.

2 이것을 여과시켜 믹서에 넣는다. 여기에 리치 시럽과 열매, 그리고
   코코넛 워터를 넣고 부드러워질 때까지 믹서를 작동시킨다.

3 여기에 얼음덩이를 넣고 잘게 부숴질 때까지 다시 믹서를 돌린다.

제공 이것을 2개의 텀블러에 나눠 따르고 곧바로 낸다.

프루티 프로스(Fruity Froth) 2인분

 온도 없음　　 우리는 시간 없음　　유형 프라페　　 우유 미사용

배와 사과는 펙틴 성분의 천연 농축제이다. 믹서를 약간 작동시키면 이 프라페가 얼마나 거품이 많은지 알게 될 것이다. 장미수는 달콤한 맛을 은근히 풍기는 반면, 섬유질이 풍부한 과일 껍질에 함유된 퀘르세틴 성분은 면역력을 증진시킨다.

- **배** 1개(속을 파내고 껍질째 얇게 썬 것)
- **사과** 1개(속을 파내고 껍질째 얇게 썬 것)
- **레몬 껍질** 1티스푼
- **장미수** 1½티스푼
- **얼음덩이** 10개

특별 용구 믹서

1 배와 사과를 얇게 썬 것, 레몬 껍질, 장미수를 믹서에 넣고 물 240mL를 부은 뒤 부드러워질 때까지 작동시킨다.

2 믹서에 얼음덩이를 넣고 잘게 될 때까지 다시 작동시킨다.

제공 이것을 텀블러 2개에 나눠 따르고 곧바로 낸다.

스파이시 스위트 루이보스(Spicy Sweet Rooibos) 2인분

 온도 100도　　 우리는 시간 5분　　 유형 프라페　　 우유 미사용

신선한 과일 프라페는 색상이 빨리 짙어지므로 만드는 즉시 마신다. 카르다몸은 소화와 해독을 돕고 감기의 예방에 효능이 있다. 또한 달콤한 복숭아에 매콤한 향기도 더해 준다.

- **루이보스 잎** 1테이블스푼(수북이)
- **끓는 물** 500mL
- 잘 익거나 통조림된 **복숭아** 2개(속을 파내고 얇게 썬 것)
- **카르다몸 가루** ½티스푼
- **꿀** 3티스푼
- **얼음덩이** 5개

특별 용구 믹서

1 루이보스 잎을 찻주전자에 넣고 끓는 물을 부어 5분 동안 우린다. 그 뒤 여과시켜 따로 두고 식힌다.

2 복숭아, 카르다몸 가루, 꿀을 믹서에 넣고 루이보스 우린 것(1)을 부은 뒤 부드러워질 때까지 작동시킨다.

3 여기에 얼음덩이를 넣고 거품이 생길 때까지 다시 믹서를 작동시킨다.

제공 이것을 텀블러 2개에 나눠 따르고 곧바로 낸다.

과일과
향신료 맛,
그리고 향기

쿨 트로픽스 플로트(Cool Tropics Float) 2인분

 온도 없음   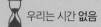 우리는 시간 없음   유형 플로트   우유 미사용

스무디와 플로트의 중간인 이 음료는 디저트로 좋은 음료이다. 민트의 천연 강장 성분이 음료에 생기를 주지만, 그러나 맨 위에 뜬 채 생강 거품과 부딪치는 요구르트가 하이라이트.

* 플로트(float) : 아이스크림을 띄운 음료.

- **키위** 1개(껍질을 벗겨 채 썬 것)
- 큰 **민트 잎** 5매, 고명용 **작은 잔가지** 2개
- **파인애플** 65g(깍둑썰기한 것)
- **냉동 바닐라 요구르트** 2큰주걱
- **진저비어** 또는 **진저에일** 1컵

특별 용구 믹서

1 키위, 민트, 파인애플, 물 120mL를 믹서에 넣고 부드러워질 때까지 작동시킨다.

2 이 혼합물을 텀블러 2개에 나눠 따르고 냉동 요구르트를 각각 1주걱씩 붓는다.

제공 각 텀블러에 진저비어를 토핑으로 올리고 민트 잔가지를 고명으로 올린 뒤 빨대와 함께 낸다.

민트 스무디(Mint Smoothie) 2인분

 온도 없음   우리는 시간 없음   유형 스무디   우유 아몬드밀크

다른 어느 민트보다 비교적 색상이 밝은 스피어민트를 사용한다. 아보카도는 이 스무디에 부드러운 크림과도 같은 성질을 만들어 낸다. 이 음료는 물과 아몬드밀크를 넣더라도 숟가락으로 떠먹어야 할지 모른다.

- **아보카도** ½개(과육을 들어낸 것)
- **오이** ¼개(껍질을 벗기고 씨를 뺀 뒤 깍둑썰기한 것)
- **스미어민트 잎**(채 썬 것) 2테이블스푼
- **가당 아몬드밀크** 175mL

특별 용구 믹서

1 아보카도, 오이, 스피어민트를 믹서에 넣는다.

2 여기에 물 175mL와 아몬드밀크를 부은 뒤 부드러워질 때까지 약 1분 동안 작동시킨다.

제공 이 스무디를 텀블러 2개에 나눠 따른다.

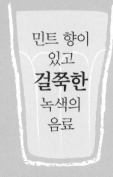

민트 향이 있고 **걸쭉한** 녹색의 음료

쿨 트로픽스 플로트 진저비어와 요구르트의
상호작용으로 거품이 생기는 음료이다.

알로에 데어 프라페!(Aloe There Frappé!) 2인분

 온도 **없음**　　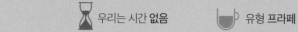 우리는 시간 **없음**　　 유형 **프라페**　　 우유 **없음**

달콤한 과일과 허브를 페어링하는 것은 기이하게 보일지도 모르지만, 바질이 지니는
민트와 감초와도 같은 풍미는 정말 딸기(스트로베리)와 잘 어울린다. 알로에즙 때문에 거품이
얼마나 많은 프라페가 되는지 아는 것도 즐겁다.

- **딸기** 10개(얇게 썬 것)
- **바질 잎**(채 썬 것) 2테이블스푼
- **알로에즙** 240mL
- **얼음덩이** 4개

특별 용구 믹서

1 딸기, 바질 잎, 알로에즙을 믹서에 넣고 부드럽게
　거품이 생길 때까지 작동시킨다. 묵직한 거품은
　알로에즙 속의 젤 때문이다.

2 여기에 얼음덩이를 넣고 잘게 될 때까지 믹서를
　작동시킨다.

제공 이것을 텀블러 2개에 나눠 따르고 낸다.

마야 선셋(Mayan Sunset) 2인분

 온도 **없음**　　 우리는 시간 **없음**　　 유형 **스무디**　　 우유 **아몬드**

재미있고 향미가 좋은 이 음료는 단맛의 정도만 조절함으로써 누구의 입맛이라도 맞출 수 있다.
약간 모험을 즐기고 싶다면 고춧가루를 가지고 매운맛을 더해 보자.

- **무가당 코코아 가루** 2테이블스푼
- **시나몬 가루** ¼티스푼
- **칠리 가루** 1티스푼
- **꿀** 3테이블스푼
- **연두부** 150g 또는 반 개(깍둑썰기한 것)
- **아몬드밀크** 350mL

특별 용구 믹서

1 코코아, 시나몬, 칠리 가루를 믹서에 넣고 꿀,
　두부, 아몬드밀크를 더한다.

2 이 혼합물이 부드럽고 크림처럼 될 때까지
　믹서를 작동시킨다.

제공 이것을 텀블러 2개에 나눠 따르고 낸다.

매운
크림과
초콜릿

코코넛 카피르 플로트(Coconut Kaffir Float) 2인분

 온도 100도　　 우리는 시간 5분　　 유형 플로트　　 우유 코코넛아이스크림

향기가 그윽하고 이국적인 이 거품 많은 음료는 열대의 섬에서 마실 만한 맛이다.
카피르 라임(kaffir lime) 잎의 감귤과도 같은 향미는 걸쭉한 코코넛아이스크림 사이를 아름답게 파고든다.

- **카피르 라임 잎**(찧은 것) 8테이블스푼
- **라벤더 꽃봉오리** 1자밤
- **끓는 물** 240mL
- **코코넛아이스크림** 2큰주걱
- 냉장시킨 **소다수** 240mL

1 라임 잎과 라벤더 꽃봉오리를 찻주전자에 넣고
　끓는 물을 부어 5분 동안 우린다.

2 이렇게 우린 것을 여과시켜 유리 피처에 넣고
　식힌 뒤 1시간 동안 냉장고에 보관한다.

제공 이것을 코코넛아이스크림이 1큰주걱씩 든
텀블러에 넣고 부드럽게 휘저으면서 냉장시킨
소다수를 첨가한다.

서니 망고 스무디(Sunny Mango Smoothie) 2인분

 온도 없음　　 우리는 시간 없음　　 유형 스무디　　 우유 아몬드밀크

이 음료의 그윽한 노란색 광채는 강황 뿌리에 밝은 노란색을 자아내는 성분 쿠르쿠민(curcumin)에서
얻어지는 것이다. 항산화 성분이 풍부하며, 망고와 요구르트와 조화를 이루면서 크림과도 같은
달콤한 스무디가 된다.

- **망고** 1개(자르고 얇게 썬 것)
- 강판에 간 **강황 뿌리** 1티스푼,
　또는 **강황 가루** ½티스푼
- **플레인 저지방 요구르트** ⅔컵
- **꿀** 1티스푼
- 가당 **아몬드밀크** 300mL

특별 용구 믹서

1 망고, 강황, 요구르트, 꿀을 믹서에 넣고 몇 초 동안 작동시킨다.

2 여기에 아몬드밀크를 붓고 완전히 부드러운 크림처럼 될 때까지
　작동시킨다.

제공 이 스무디를 텀블러 2개에 나눠 따라서 낸다.

용어 해설

개완(蓋碗) 받침이 곁들여지고 뚜껑이 달린 중국의 다기. 보통 자기나 유리로 만든다. 맛보기용으로 소량의 티를 우리는 데에도 사용된다.

노즈(nose) 우린 티에서 느껴지는 모든 향.

등급(grade) 스리랑카, 케냐, 인도 등에서 건조 찻잎의 크기나 겉모양만으로 품질을 판별하는 데 사용하는 방식.

떫은맛(astringent) 티를 마실 때 입안에서 느껴지는 감흥이며, 입안의 피부 조직을 수축시킨다.

마우스필(mouthfeel) 부드러운 맛, 톡 쏘는 맛, 크림과 같은 맛 등 티를 마실 때 입안 전체에서 느끼는 구체적인 질감이나 감흥.

바디(body) 가끔 홍차와 관련되어 언급되는 전반적인 향미의 깊이나 질감.

보이차(普洱茶, pu'er tea) 중국 윈난성에서 나오는 미생물 후발효차. 숙성이 오래될수록 활생균의 함유량도 풍부해진다. 잎차나 압축된 형태로 구입할 수 있다.

브라이트(bright) 홍차의 향미에 대한 용어로, 보통 부드럽게 톡 쏘는 듯하면서 매우 신선한 향미를 가리킨다.

브리스크(brisk) 생생하고 약간 톡 쏘는 듯한 맛의 감흥을 설명하는 용어. 보통 홍차, 특히 실론 홍차와 연관이 있다.

산화(oxidation) 찻잎의 산화효소가 산소나 열에 노출됨으로써 부분 또는 전체가 화학적으로 변화하는 과정.

살청(殺靑, kill green) 녹차를 만드는 데 사용될 찻잎을 찌는 증청(蒸靑)이나 팬에서 찻잎을 덖는 '초청(炒靑)'을 통칭하는 용어. 이를 통해 찻잎의 산화를 방지한다.

아유르베다(Ayurveda) 식물 기반의 치유법을 사용하는 힌두교의 전통적인 의료 체계.

오서독스(orthodox) 찻잎을 홀 리프(whole leaf) 등급, 즉 온전한 형태로 유지하면서 티를 생산하는 방식.

오텀널 플러시(autumnal flush) 늦은 수확기인 가을철(9월~10월)에 딴 찻잎으로 향미가 부드럽고 풍부한 것이 특징.

우마미(うま味, umami) 다수의 일본 녹차에서 중요시되는 맛에 대한 일본어. 감칠맛으로 번역되기도 한다.

이싱(宜興) 중국 장쑤성의 한 지방. 이곳에서 산출되는 짙은 자주색의 점토, 즉 자사(紫沙)는 유약을 바르지 않는 차호를 손으로 직접 만드는 데 재료로 사용된다.

인퓨전(infusion) 찻잎을 뜨거운 물(때로는 찬물)에 우려 만드는 액상의 티.

재배종 또는 품종(cultivar) 특별한 향미나 형질상의 특성을 노리고 의도적으로 재배한 식물의 육종.

전차(磚茶, brick tea) 찻잎을 압축시킨 티의 일종. 증기로 찐 찻잎을 벽돌 모양으로 압축시켜 만든다.

차나무(Camellia sinensis) 잎과 새싹이 티를 만드는 데 사용되는 상록 관목. 흔히 '중국종'이라는 시넨시스(Camellia sinensis var. sinensis)와 '아삼종'이라는 아사미카(Camellia sinensis var. assamica)의 두 변종이 있다.

차노유(茶の湯) 매우 정교하고 형식적인 일본의 다도(茶道). 맛차를 준비해 내는 데 치르는 동작과 절차, 용구 등이 정해져 있다.

차선(茶筅) 대나무 한 조각을 여러 갈래로 잘라내어 만드는 작은 거품기. 물과 맛차를 섞으면서 거품을 내는 데 사용된다.

차완(茶碗) 도자기로 튼튼하게 만든 일본의 차 사발. 맛차를 준비하는 데 사용한다. 일본의 다도인 차노유(茶の湯)에서 사용된다.

찻물(liquor) 뜨거운 물로 찻잎을 우려낸 액상의 티.

초청(炒靑, pan-fire) 찻잎을 건조시키거나 또는 찻잎에 산화가 일어나는 것을 막기 위해 뜨거운 솥에서 찻잎을 덖어 산화효소를 파괴하는 과정.

카테킨(catechin) 티에서 발견되는 폴리페놀류의 일종. 강력한 항산화 성분으로 프리라디칼(활성산소에 의해 손상되는 세포)을 안정시키는 데 도움이 된다.

카페인(caffeine) 자연스럽게 발현되는 화학적인 흥분제. 어린 새싹이 벌레로부터 자신을 지키기 위해 자체적으로 생성시키는 물질.

탕약(decoction) 허브 또는 약초를 물로 끓여 달인 것.

테루아(terroir) 차나무, 포도나무 등을 비롯해 작물이 재배되는 특정한 기후 환경적인 제반 조건.

티잰(tisane) 식물의 잎, 뿌리, 씨, 열매, 꽃, 껍질 등으로 우려낸 액체.

페코(pekoe) 차나무의 새싹에 보이는 미세한 잔털. 또한 영국의 등급 체계에서 고급 티를 나타내는 데에도 사용되는 용어.

폴리페놀(polyphenol) 신체를 해독하는 데 효능이 있는 항산화 성분. 티에는 과일이나 채소보다 약 8배 이상의 폴리페놀이 함유되어 있다.

플러시(flush) 차나무에서 새싹이 자라는 현상. 수확기나 채엽 기간에 서너 차례씩 이루어진다.

휘발성 정유(volatile oil) 찻잎이 열이나 산소에 노출되면 증발하는 향기로운 기름.

L테아닌(theanine) 티에서 발견되는 독특한 아미노산의 일종. 스트레스를 줄이고 활기를 북돋워 준다.

색인

볼드체는 레시피 페이지를 가리킨다.

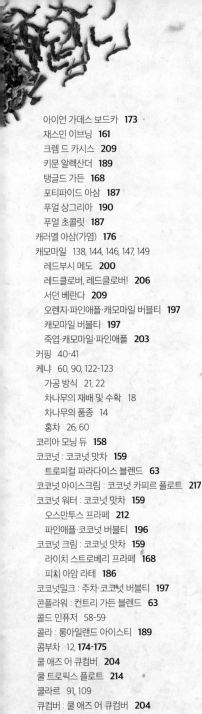

THE TEA 티북 BOOK

2021년 7월 25일 초판 1쇄 발행

지은이   린다 게일러드
번역자   박인용
감수자   정승호
펴낸곳   한국 티소믈리에 연구원
출판신고   2011년 12월 22일, 제2019-000071호
주소   서울시 성동구 아차산로 17 서울숲L타워 12층 1204호
전화   02)3446-7676
팩스   02)3446-7686
이메일   info@teasommelier.kr
웹사이트   www.teasommelier.kr

펴낸이   정승호
출판팀장   구성엽
디자인   파피루스

한국어 출판권 © 한국 티소믈리에 연구원(저작권자와 맺은 특약에 따라 검인을 생략합니다)

ISBN 979-11-85926-62-9

값 28,000원